U0896823

日日是好日

“自我启发之父”阿德勒的人生哲学

[日]小仓广 著　刘洪岩 曾愉茜 译

仕事と人生の格を上げる

アドラー一日一言

机械工业出版社
CHINA MACHINE PRESS

图书在版编目（CIP）数据

日日是好日："自我启发之父"阿德勒的人生哲学 /（日）小仓广著；刘洪岩，曾愉茜译. — 北京：机械工业出版社，2023.6
ISBN 978-7-111-73199-3

Ⅰ. ①日… Ⅱ. ①小… ②刘… ③曾… Ⅲ. ①人生哲学-通俗读物 Ⅳ. ①B821-49

中国国家版本馆CIP数据核字（2023）第090106号

机械工业出版社（北京市百万庄大街22号 邮政编码100037）
策划编辑：坚喜斌 责任编辑：坚喜斌
责任校对：牟丽英 梁 静 责任印制：单爱军
北京联兴盛业印刷股份有限公司印刷
2023年7月第1版第1次印刷
110mm × 180mm · 12印张 · 1插页 · 167千字
标准书号：ISBN 978-7-111-73199-3
定价：59.00元

电话服务
客服电话：010-88361066
010-88379833
010-68326294

网络服务
机 工 官 网：www.cmpbook.com
机 工 官 博：weibo.com/cmp1952
金 书 网：www.golden-book.com
机工教育服务网：www.cmpedu.com

卷首语

心理学巨擘阿德勒
关于自我改变的方法论

你是否对自己没有自信，只能看到事物消极的一面而止步不前？你是否自我认同感不足，总觉得自己不如别人？你是否在面对这样的自己时，即便萌生过改变的想法，却迈不出第一步？

我们普通人都或多或少有过这样的心理活动。应该没有人能自信地说出“对自己的现状十分满意，完全不需要改变”这样的豪言壮语来。

人类是谋求进步的生物。求变是人的本能。

但我们中常有人无法做出改变。因为他们被自卑感所支配，生出“唉，我这样的人，和别人一比什么也不是”的想法来。谋求改变的脚步自然也停滞不前。

但是，阿德勒告诉我们：

“自卑不是一种病，它是人类健全的合乎常理的一种诉求，更是促进成长的一种刺激。”（摘自《活在当下的勇气》）

谋求改变也就是谋求成长，是人类正常的心理活动。

阿德勒认为，人类的烦恼大都源起人际关系，想要消除烦恼，首先要改变和周围人的沟通方式。

为了达到这一目的，我们应该如何去思考，如何去实践呢？阿德勒在他的著作中向我们揭示了具体的方法。这些著作中的文字并不都是悦耳的，为了帮助读者意识到自身性格形成中的缺陷，阿德勒的话语偶尔会有些严厉。

但一旦开始意识到自身的不足之处，就是和过去的自己说再见的时候了。打开意识的大门，变化和成长也就接踵而至。

本书从阿德勒过往的著作中精选了366条名言，并对此附上了解说。为方便读者在阅读的过程中学习阿德勒的心理学理论，如认识人类是一种怎样的存在、如何通过勇气来提升行动力、在人际交往中应如何思考和行动，我们用心对这些名言进行了系统编排。

我们希望读者朋友们每天能通过阅读阿德勒的文字获得启示，并能够切实感受到自身的成长——那一点一点但却真切、实在的变化。

我们每个人的成长累积在一起，就能推动人类社会的进步。何不尝试一下，朝着阿德勒所提倡的自我改变之路迈出第一步呢？衷心希望本书能为那些正在破解人生难题的人们带去助力。让它成为你改变人生的契机吧！

2022年6月

小仓广

序言1

20 世纪最具代表性的心理学家 ——阿尔弗雷德·阿德勒

从眼科医生到精神科医生的转变

20 世纪最具代表性的心理学家阿尔弗雷德·阿德勒（1870—1937）与同时期的心理学家西格蒙德·弗洛伊德、卡尔·荣格并称为“心理学三大巨头”。

1870 年，阿德勒出生于奥地利一户富庶家庭。1895 年，他从维也纳大学医学部毕业，先后做过眼科医生和内科医生，最终成为一名精神科医生。做一名眼科医生曾经是阿德勒儿时的梦想。梦想成真的阿德勒，为患有视觉障碍的病人看诊时，获得了很多启发。因为患有视觉障碍而视力变差的病人的听觉和触觉等其他感觉的敏感度会变得异于常人。这种现象可以解读为病人为了消除“自己与其他人不同”的自卑感，付出了比常人多一倍的努力。

阿德勒作为眼科医生近距离接触病患，开始对心理学这个领域展现出浓厚的兴趣。

与弗洛伊德和荣格学派之间的学术渊源

转向精神科领域的阿德勒，将病患的身体性障碍（器官自卑）和自卑感联系起来，推进了相关理论的发展。阿德勒意识到，很多人对人际关系感到烦恼，随后就把研究的重心放到了如何构建良好的人际关系的心理疗法上。阿德勒主张，人不应该执着于过往和事件的起因，应以立足当下面向未来的视角进行思考。这种想法和开创精神分析法的弗洛伊德及师从于他的荣格所提出的理论大相径庭。在经历数次的意见对立之后，阿德勒退出了维也纳精神分析法学会。

此后，阿德勒确立了个体心理学学派（阿德勒心理学）。逐渐树立起心理学权威的阿德勒，一边接诊一边四处演讲宣传自己的学说。即便当时的阿德勒已经名誉加身，但也总会抽出时间和大众交流沟通。基于“人的烦恼来自于人际关系”这一思想，阿德勒通过与更多的人交流来探究“人是如何生存的”这一命题。

序言 2

阿德勒心理学
是一门怎样的心理学

作为衡量人生指标的三个“课题”

阿德勒从“人的烦恼来源于人际关系”这一观点出发创立了个体心理学，他主张人的一生面临三大课题：工作、交友和爱。这三大课题都与人际关系有密不可分的联系。在实际生活中，许多人的人际关系不总是如预想的一帆风顺，常常碰到很多阻碍。

在众多困难重重的课题之中找到自身的主要问题，也将成为衡量你人生的指标。

日常从事的生产性活动——工作的课题

人们在日常生活中进行的生产性活动都可以被称为工作的课题。为了在人类社会中生存下去，工作的课题是近乎义务性的。

在三大课题之中，工作的课题是最容易达成的，也是最基础的。当一个人不能达成工作的课题时，往往可以认定为他存在着较为深层的问题。

人际交往——交友的课题

交友的课题，顾名思义是指如何与人交往。交友的课题不光涉及和周围的人一起生活，还包括与他人形成相互尊敬、信赖、合作的关系。只有形成这种关系，才可以认定为课题的达成。

亲密关系——爱的课题

最后，在三大课题中最难以达成的就是爱的课题。

爱的课题的内涵包括，关系最为密切的家庭关系（特别是亲子关系）、伴侣之间的交往、性关系、婚姻生活，以及对自己的性别角色和性的价值观的思考。比起交友的课题，爱的课题需要建立起更深厚的关系和更深层次的沟通，因此需要更大的勇气。

构建“社会兴趣”（也称作“共同体感觉”）是通向幸福的途径

人在面临三大课题时，最重要的就是培养起“社会兴趣”。阿德勒认为，无论是工作还是与朋友相处，抑或是与家人和恋人之间的信赖性关系的建立，只要能形成“社会兴趣”，达成上述的课题便不是难事。

人在家人、朋友、同僚等共同体中会形成归属感、同理心、信赖感、贡献感，这些统称为“社会兴趣”。当这些感觉都得到满足时，人就会感到幸福，也是阿德勒心理学所追求的理想状态。阿德勒心理学中所说的实践，就是如何培养“社会兴趣”的实践。因此也可以说，阿德勒心理学的最终目标是培养我们的“社会兴趣”。“社会兴趣”的多寡是衡量一个人精神状态的晴雨表，也是阿德勒心理学派的重要指标。

本书将从工作、交友、爱这三个课题的角度对阿德勒的名言进行分类。让我们每日细细品读阿德勒的思想，逐步建立起我们的“社会兴趣”。

构建“社会兴趣”所需的要素

目录

工作的课题

001

人们会在努力追求赞赏、能力提升和优越感的过程中形成“社会兴趣”，最终达成爱、工作与交友的三大课题。

阿德勒认为，人生中有三大必须直面的课题，分别是爱的课题、工作的课题和交友的课题（也被称为生活课题）。每个人都会不可避免地遭遇这三方面的挑战，最终亲自面对并解决它们。

这三大课题按照难易度顺序来排列，最简单的是工作的课题，其次是交友的课题，最难以达成的则是爱的课题。人生就是在不断地应对这三种课题的过程中逐渐形成“社会兴趣”的。

002

对于人生的“三大课题”，我们总是在寻求更好、更完善的解决方案。

事实上为了应对人生的课题，人们会开发出很多前人没有试过的方法。条条大路通罗马，课题的解决办法通常不止一个。而且，人们即使将其中一项解决办法付诸实践，也不会满足于此。有一股内在的动力驱使人们去尝试更好的方法，去追求完美。

我们就这样在追求更优解、更好的人生和人际关系中不断尝试，不断别出心裁。这便是阿德勒认为的“人总是以自身成长为导向”。

003

怎样（从事什么工作）才能让自己在生存下去的同时，也能为人类的存续做出贡献呢？——这是一份每个人都必须交出的“答卷”。

在三大课题之中，工作的课题是最容易达成的，也是最基础的人生指标。虽说是“工作”方面的课题，但这不单单指赚钱。家务、育儿、学习、娱乐，还有我们被社会赋予的各项职责，都是工作的课题的一部分。

而且，如果我们不能很好地达成工作的课题，其余两项课题的开展也会遇到困难。因此，每个人都需要给出工作的课题的“答案”。

004

人都是抬头向上看的。

人有种特性，就是都想树立比现状更为高远的目标。正因如此，我们的理想总是处在未实现状态，被焦躁感裹挟和驱使成了常态。这也与幼年时期对成人的无助感导致的自卑有很大关系。

人外有人，山外有山。即使达成了现阶段的目标，人们也会以更高的追求制定新的目标。在这种“上进”的机制下，人的自卑感永远得不到满足。所有人都把追求卓越当作人生目标。

005

自卑不是病，相反，它是激发人们追求美好愿望和成长的一种激励。

阿德勒心理学中的“劣等”与“自卑”有着明确的区别。“劣等”指的是低人一等的客观事实，而“自卑”指的是个人对自身“低劣”的主观感受。即使不是客观事实，只要你认为自己低人一等，就会拥有自卑的心态。

然而，自卑并非限制自身发展的坏事。如果能化自卑为动力，激励我们开展有意义的活动，它也会成为人们成长和变化的契机。

006

极度紧张是怀疑自己能否成功的信号。

胸有成竹，便不会紧张。同样，你只要把面前的人想成是自己的同伴，也就不会紧张了。你之所以紧张，就是把面前的人当成了自己的敌人。告诉自己“我可以的，面前的人都是我的伙伴”，紧张就会得到缓解。

防止紧张的方法有两种：一是做好准备，尽量做到胸有成竹；二是让自己相信“自己没问题”。当然，将面前的人视作“同伴”也非常重要。

007

“教育”最普遍的原则是，教育必须适应和服务于学生迟早要面对的“今后的人生”。

在阿德勒心理学中，教育是一种激发和引导个人形成个性的过程。这种引导过程相比于解决眼前的问题，更加侧重于引导学生适应迟早要面对的“今后的人生”。

如果优先解决短期问题，教育往往会不自觉地转变为强制和训斥。而优先考虑孩子的未来时，教育则会更加重视同学生信赖关系的建立与对学生的关怀。所以说，教育要立足于长远的眼光。

008

对于做梦的人而言，“梦”有时是一座“桥梁”，帮助他们解决面临的问题，从而引导他们实现目标。

回顾历史，人们曾认为梦是对未来的预言。

阿德勒心理学中认为，这种观点“只对了一半”。梦中看到的事物与现实中发生的事情是相互关联的，也就是我们说的“日有所思，夜有所梦”。

而做梦的人，是在梦中演习自己的角色。梦中的行为可以理解为梦想成真的准备和预演。

009

“做梦”是人类创造力的一部分。

一个人做的梦反映着他所关心的东西。

做梦的时候，选择什么样的记忆，编排什么样的故事,是由人的创造力决定的。然后，这种创造力就会朝心所向往的方向引导梦境发展。

因此，如果知道自己在梦中所做出的选择，就能帮助我们了解自己的倾向，也就是知道我们在无意识下想要实现的“目标”。

010

共同体感觉并非与生俱来的，而是对先天可能性的有意识地发展。

人在家人、朋友、职场等社会群体中会形成归属感、同理心、信赖感、贡献感，这些统称为“共同体感觉”。考虑到共同体感觉带来的精神上的富足能够使人幸福，可以说阿德勒心理学的最终目的就在于构建共同体感觉。

阿德勒认为，共同体感觉像是我们出生时便随身携带的一粒种子，必须经过自己自发地精心呵护和养育，最终才能开花结果。

011

人类是“运动中的生物”。

阿德勒为了建立起个体心理学理论，将研究重点放在了身心的相互关系上。人是由“身”和“心”两个部分组成的，它们都是生命的表现形式，都是“生命”这一整体的一部分。因此，过分重视其中任何一方的理论都是行不通的。

此外，我们人类是“运动中的生物”。运动中的生物有预测的能力，能对未来发展的趋势和方向做出判断。也正因为如此，人才具备心灵和灵魂。

012

对人类而言，最重要的不是性冲动，而是幼年时期的无力感与自卑感。

阿德勒与弗洛伊德和荣格生活在同一年代。这三位并称为“心理学三大巨头”。弗洛伊德认为，性本能在儿童的发展和人格形成中起着重要的作用，而阿德勒则认为幼年时的无力感和自卑感对人产生着重要影响。无力感源于自己与周围大人们能力上的差距，而自卑感源于自己的理想与现实之间的差距，它们都是主观上的负面情绪。但是，如果能将来自无力感与自卑感的压力，像弹簧一样转化成弹性势能，它最终也能变为我们积极面对并处理人生课题时的动力。

013

如果不能成功构建起“社会兴趣”，并且缺乏理解力（辨别力）与勇气，就会导致自卑情结的产生。

自卑感与自卑情结是两个不同的概念。所谓自卑情结，是指以自己的低劣为理由，试图避开人生中必须面对的课题的态度和行为。它是一种“异常且不健康状态下的自卑感”。

拥有自卑情结的人往往会寻找各种各样不起眼的借口，如“我不是干这个的料”“因为以前搞砸过”等，从而逃避人生中困难的课题。

014

大多数人都被失败所困。

如果人的自卑感过强，就会从中滋生出对未来的不安与烦恼。正所谓“一朝被蛇咬，十年怕井绳”。有些人因为过度地恐惧未来，为了不受伤害而变得害怕挑战本身。

阿德勒心理学认为，追求进步比追求完美更有意义。即使最后失败了，也要试着接受不完美的自己，这样才能继续前进。在一步一步的前进步伐中，不安和烦恼也会渐渐烟消云散。

015

只要不是极度自卑的孩子，都会想要成为有价值的人，并最终走在生活的正轨上。

无论是教育孩子，还是在企业里培养下属，不让对方产生自卑情结都是十分重要的。为此，切忌加重每个人都有的自卑感。要让他们认识到“你是不可缺少的存在，你对我来说是很大的帮助”。如果感觉到“自己帮助到了别人”，人就能鼓起勇气，并从中迸发出克服困难的活力，以这份“未能达成目标”的自卑感为动力，努力奋斗。

016

孩子如果反感父母对待自己的方式，就会挑出父母最大的弱点来反击。

有些孩子的尿床总治不好。其中大部分的孩子，可能被纵容着继续下去，而不是去克服。他们用尿床来向大人证明“自己也有意志”。

失去勇气的孩子往往想通过与父母的较量或对父母的复仇来获得优越感。训斥这样的孩子，会让他们进一步失去勇气。因此，教育这样的孩子要在平时不断地鼓励他们“你是有价值的”，从而预防此类问题的发生。

017

不做梦的人，是那些不愿欺骗自己的人。

有一天，阿德勒发现自己完全不做梦了，就是当他意识到，梦的内容是自己完成工作所使用的某种策略，而在完成一个需要逻辑性判断的工作时，用梦来欺骗自己是没有必要的时候。

那些主动做出一些改变，或者面对问题时注重逻辑的人是不会做梦的。即使做梦，他们也没有必要用梦去模拟演练，他们很快就会忘掉梦的内容。

018

人生如白驹过隙，我们只有通力合作才能渡过人生的难关。

交友的课题源自与我们生存息息相关的“人际关系”。其中也包含了“我们是如何处理与周围人的关系的，又是如何看待人的存在的，以及我们对未来的态度和看法”等问题。

人类是弱小的存在。大猩猩和狮子靠着强大的力量和锋利的爪子能够单独生活，而人类并不具备它们那种保护自己的力量。人类之所以开始了社会生活，是因为一个人无法独自生存下去。

019

抱着“要争取上位”（比别人优秀）的想法去找工作，是很难找到称心的岗位的。

没有一个岗位可以做到不在某个人的领导下，通过与他人合作开展工作。试图把工作作为一种获取个人“优越感”的手段，是难以获得想要的地位的。

我们应当尝试追求自己和周围的伙伴们，乃至整个社会的幸福，而不是利用周围的人来追求自己一个人的幸福。否则，我们将不会被信任，也得不到再次任用。

020

能否在事业上取得成功，取决于你能否适应社会（周围的人）。

如果你在工作中能够理解工作伙伴和客户的需求，能站在对方的角度思考和感受问题，它将会成为你的一大优势。能把公司利益乃至社会整体利益置于自身利益之上的人，才是职场中“靠谱”的人。工作机会也会降临在他们身上。

人类是无法独自生存的弱小动物。我们通过成群结伴、互帮互助才得以生存至今。如果没有与周围人的通力合作，工作也就不会取得成功。

021

孤立的精神生活是难以想象的。

人的精神生活是与周围环境相联系的，受到外界的刺激后会做出相应的反应。我们偶尔要与周围环境相对抗，有时又需要利用周围环境来保护个人与确保生存。这种必要的能力也来源于我们的精神生活。

此外，有时人们认为健康的精神是寄宿在健康的身体里的，但阿德勒认为，即使没有身体上的健康，精神上的健康也是可以实现的。每个人都可以选择在与他人交往的过程中做一个有益的人。

022

人的精神生活是由目标决定的。

精神有朝着目标趋近的功能。因此，你要是认为“人的精神是静止的”可就错了。通常来讲，人的各种动力都来自一个一贯的动机，它们也都指向一个一贯的目标。也就是说，一定有一个目标来指引精神生活中的动力和生命力发展的方向。

无论是思考、感受还是做梦，都是根据自己心中模糊浮现的目标来决定其内容和方向的。

023

一个人如果腼腆而内向、害怕大步向前，多数情况下都是因为他优先考虑他人。

人的生活方式是在其幼年时期无意识自主选择并一以贯之的。它的形成深受家庭环境的影响，其中受到“与兄弟姐妹的关系”的影响更甚。父母会无意识地“比较”孩子们，而孩子们也会争夺父母的爱。

腼腆而内向的性格在这个家庭中最先出生的孩子的身上较为常见。因为父母的关注总是优先给予弟弟妹妹们，最终导致年龄最大的孩子形成害怕失败的性格。

024

心存疑虑的人，多半会因一直心怀疑虑而一事无成。

“我打算这样做，但是……”“我想做那份工作，但是……”可以看出，言行矛盾的人有着很强的自卑感。他们用“我想做……”这句话来表现积极乐观的自己，同时又用“但是……”来推脱责任，并把自己放在受害者的位置上，从而逃避本应直面的课题。

这就是“通过炫耀自己的弱小来逃避人生的课题”，是自卑情结的一种表现形态。只有鼓起勇气，才能直面困难。

025

认为生在同一个家庭的孩子便是在同一个环境中成长，是种常见的错误。

生活方式的形成受到三个方面的影响。一是从父母那里通过遗传得来的“身体”；二是国家、地域等共同体培育的特有“文化”；三是家庭构成和父母的价值观、兄弟姐妹之间的关系等“家庭情况”。其中，“出生顺序”这一因素具有更大的影响力。

父母通常会对第一个孩子说“你是哥哥（姐姐），要给弟弟妹妹们做好榜样”，而对最小的孩子则有溺爱的倾向。即使在同一个家庭长大，孩子受到的影响也是不同的。

026

对孩子发展最好的帮助，是让他们对自己的能力充满信心。

孩子抱有的信心和勇气，是他们拥有的最大的宝藏。有勇气的孩子，会在以后的人生中积极面对自己的课题。在培养有勇气的孩子时，比起结果，更重要的是重视他直面苦难的态度。即便失败了，如果过程中做出过努力，父母也应当给予表扬。在帮助孩子的时候，父母也要注意不要过度保护和干涉。重要的是激励孩子鼓起勇气去行动。父母在同孩子讨论的时候，也不要感情用事地去训斥，而是应当与孩子共同思考“应该如何做才好”，从而帮助孩子建立自信。

027

一个人的记忆，也是他的人生故事。

记忆有着提醒的作用，可以提醒你自己的极限并让你回想起当时处于怎样的环境。我们不可能把日常生活中所形成的所有的、不计其数的印象通通记在脑海里。所以，我们只会选择记忆那些对自己的人生有影响的印象。

记忆有时会帮助我们给自己敲响警钟，有时也能让自己安心，是自己反复讲给自己的“故事”。

028

所谓的共同体感觉，一定会弥补每个人的一切自然弱点。

所属于企业、学校等组织的我们，在追求目标的时候，容易被眼前的利益（集体的利益）所困。然而阿德勒认为，要“以更大的社会利益为重”。从生物学上看，人类显然是社会性动物。因此，他认为社会利益应当优先于组织利益。

构建好自己的共同体感觉，在与他人的优势互补中成为对社会有益的存在，才是走上幸福人生道路的关键。

029

勇气、乐观的态度与常识，这三个要素能帮我们坚定地应对各种有利或不利的局面。

积极的想法能为我们带来勇气。但“乐天主义”和“乐观主义”同为积极的想法，二者间却有着很大的不同。像“肯定会有好事发生”这种毫无根据的想法就是乐天主义。而相信不管发生什么事，“只要想出最好的解决方法就没问题”是乐观主义。

这种乐观主义的想法对于激励自己非常重要。在日常生活中，即使发生了不好的事情，我们也要冷静地思考最好的对策。

030

我们的每一次经历都与情感代入紧密相连。

阿德勒心理学把人们通过感受现实中发生的事情，进一步感受并读取未来或将发生的事情的这一过程，称作“情感代入”（又被称为“神入”或“移情”）。人类是情感代入功能十分发达的生物。

看到在户外高空作业的人时，我们同样会感到心惊胆战；看到台上的演讲者卡壳说不出话来时，我们同样会感到尴尬。这都是情感代入造成的。而正是共同体感觉的存在，我们才拥有了这种不局限于自身经历也能与他人共情的能力。

031

人的精神世界容易受到经济方面的刺激并做出错误的反应，而摆脱这种错误造成的影响需要时间。

卡尔·马克思和弗里德里希·恩格斯认为，经济基础和人们的谋生手段决定了人的思维模式和行为模式。

阿德勒赞同这一观点，但他认为，回顾过去的历史，人类的精神世界会对经济刺激做出错误的反应。并且，摆脱这种错误造成的影响需要时间。我们只能在克服这些错误的同时，慢慢地向绝对真理靠拢。

032

所谓“正常人”，是指“在社会中生活，其生活方式能很好地适应社会；并且不管本人是否愿意，都能通过工作给社会带来一定利益的人”。

在判断一个人的生活方式是否符合“正常人”的标准时，看的是他是否能够适应社会，以及是否在精神上也能适应日常工作。从心理学的角度来说，“正常人”就是指“遇到问题和困难时，有足够的精力和勇气去面对的人”。

想要自己选择人生，自主地做出决定的话，精神上必须健康。愤怒、悲伤和焦虑等负面情绪会带来心理疾病。

033

我们无法超然于宇宙性因素，但也从中获得了对自己身体之外的事物进行情感代入的能力。

阿德勒认为，人的情感代入的能力来自共同体感觉。共同体感觉原本就是宏大的、宇宙性的感觉。我们人类当中存在的宇宙性的东西相互连接并反映出来，最终构成了共同体意识。

在现代阿德勒心理学中，除了工作的课题、交友的课题和爱的课题，还有自我的课题与精神的课题。精神的课题是指尝试超越人类的存在，与大自然、宇宙连接的课题。

034

人经历的不是真实的“现实”，而是经过某种解释的“情况”。

现实事物的意义是不完整的和不充分的，有时甚至是完全错误的。这是因为我们经历的不是真实的“现实”，而是一种被特别解释的、对自己有意义的“情况”。

即使我们看到了同样的东西、经历了同样的事物，也会对所见所闻做出不同的解释，那就更别说我们看到了不同的东西、经历了不同的事物的情况了。这种带有自我色彩的解释行为是不可避免的。

035

“目标”和“行动”，只有在同样对其他人有意义的情况下才有意义。

每个人都想努力成为有价值的人。然而，如果你没能意识到“为别人的生活做出贡献是有意义的”这一点，那么“努力成为有价值的人”这个目标本身，或者为此付出的努力都将是毫无意义的。最终，你也无法成为一个有价值的人。

对于人生中遇到的问题，好的解决方法应该是，即使是自己以外的人也能明确理解的方法。它具有一定的泛用性，能被很多人使用。只对自己有益的东西，在社会上是没有意义的。

036

精神的成长，起步于目标被定下之时。

孩子经常会抱有野心（目标），幻想未来自己会成为一个什么样的人。这是因为人的精神是向着目标前进和发展的。用幻想的方法来塑造“未来”的形象，然后采取行动来实现它。

然而，屡受打击的孩子，往往会沉溺在幻想当中。他们试图利用幻想的力量逃离现实。而幻想如果用来逃避现实，则是无益于个人成长的。

037

人正因为“不如人”，才会努力，才会取得成功。

自卑感本来就是成长的食粮。

但是，当自卑感过于强烈时，人就可能陷入自卑情结当中，通过炫耀自身的软弱来逃避人生的课题。并且在一度陷入自卑情结后，由于自身想要摆脱自卑情结的愿望，还可能会催生出一种故作强大、虚张声势来逃避人生课题的“优越情结”。自卑情结和优越情结对人生的发展都是无益的。

038

如果一个孩子开始偷东西，可以理解为他认为“自己没有福气”。

有一个在家不受疼爱的 11 岁女孩拜访了阿德勒。她的兄弟都备受疼爱，因此女孩觉得自己就是家里的累赘。刚开始她试图得到重视，未果。终于她失去希望，染指盗窃。

阿德勒心理学认为，这种行为产生的原因在于一种“想要满足自己”的心理。女孩认为自己“缺乏被家人爱所必需的东西”，于是想用偷来的东西弥补自己，以此来获得家人的爱。

039

个体心理学要从理解孩子的自卑开始。

每个人的生活方式是由儿童时代形成的原型具体化而来的。因此，阿德勒心理学（个体心理学）非常重视对孩子们进行适当的教育。

阿德勒认为，教育孩子的首要目的应该是让孩子培养起适合的共同体感觉。通过构建适合的共同体感觉，孩子们就能树立健全而有意义的目标。只有让孩子们很好地融入周围的环境，自卑感才会以适合的方式发挥其积极的作用，助力孩子们成长。

040

梦的作用就是在我们睡着的时候，处理我们需要面对和解决的问题。

我们在没有信心解决问题的时候，或者在面对严峻的现实、快要被现实压垮的时候，便会做梦。

我们不能在梦中把握事物的整体状况。也正因为如此，相比于清醒时，梦中的事物看起来更为简单。此外，梦中所产生的情感，也会成为解决现实问题的推力。做梦时产生的情感，会强化我们对问题的思考。

041

只有学会培养共同体感觉，才能将我们从无价值且有害的活动中拯救出来。

阿德勒说：“培养共同体感觉的价值无论怎么强调都不为过。”

人的心智之所以能够成长，是因为人的智慧与社会共同体息息相关。这种“自己是有价值的”的感受会使人更加勇敢，看法也会变得乐观，只有当一个人觉得自己对他人有用，克服了非个人的社会自卑感的时候，才会畅快而舒适地生活，并切实感受到自身存在的价值。

042

只有不仅能“独善其身”，还能“兼济天下”的人，才能高明地处理好人生中的问题。

在人类历史上，迄今为止受到高度评价或被认为成功的工作，归根结底都是以“合作”为基础的工作。我们都知道一个公开的秘密：人类离不开合作。

但是，也会有人认为“我不擅长和他人合作”。这样的想法是一种自卑情结的标志。他们没有勇气走上这条有益于生存的道路。

043

千万要注意，“诡计”“狡猾”“小聪明”等，都是懦弱的人耍的手段。

阿德勒主张，看电影会让孩子朝着错误的方向成长。这是因为很多电影都在描绘“阴谋诡计”，长期观看这些电影会让人对电影中描绘的人类的狡猾和小聪明习以为常。

很多人想着“用点小伎俩就能在日常生活或者工作当中占据优势”，从而耍耍手段来快速获得助力。然而，使用这些手段恰恰表明他们不相信自己有着“达成正常目标的能力”。

044

注意力不集中，是因为我们本就想逃避这件被要求集中注意力的事情。

人之所以会分心，仅仅是因为我们将注意力放在别的事情上了。因此，“注意力不集中”这个说法是不严谨的。此外，人还具有一种特性：人一旦判断从这个对象中似乎得不到什么有价值的东西，就会立刻失去对它的注意。

想要集中“注意力”，最重要的因素，就是要做到位于深层次的“关心”。“关心”在精神层面上,比“注意”要深得多。如果你“关心”一个事物，那么你自然会将注意力集中在它上面。

045

我们应该以真实的“生活方式”面对现实。

有时，梦会成为连接我们眼前的问题和生活方式的桥梁，但没有必要为了按照梦中内容的指示去改变我们的生活方式。

生活方式是指我们思考、行为和处理感情等的模式，换言之，就是我们“独特的性格”。阿德勒提出，不要试图去治愈那些生活不如意的人的症状和问题，而是要接纳他独特的性格，找出他的经历中被误解的部分。

046

我们不必一辈子都被与生俱来的“大脑”水平所束缚。

阿德勒听闻，有一个人因脑卒中损伤了部分大脑。为了弥补这部分大脑机能，在对他身体的其余部分进行训练后，他的大脑最终得以重新正常工作。根据这个故事，阿德勒认为心理状态会对大脑产生影响，大脑只是心灵的工具。

如果说大脑是心灵的工具，那么我们就能找到发展和改善工具的方法，也就可以把大脑改造成一个适于生存的大脑。

047

成功和幸福主要是目标问题。

阿德勒认为，人不是被过去的原因所驱动，而是被未来的目标牵引着行动。这就是“目的论”。

人总是为了未来而有目的地行动。因此，他认为，如果孩子在社会上有着大展宏图的野心，他就能过上幸福和满足的生活。时刻关注目标，时刻思考对解决问题有益的建设性行动是什么，最终人就能走上成功之路。

048

一个人的人生目标决定了他会过什么样的生活。

人设定目标都是为了摆脱痛苦。比如，患有视觉障碍的人，会转而发展听觉来弥补自身在视觉上的不足。另外，如果弟弟妹妹觉得自己在学习上比不过哥哥姐姐，可能会转而去尝试通过发展运动、音乐等方式来弥补自己的不足。这种弥补不足的行为被称作“对自卑性或自卑感的补偿”。

一个人对待人生的态度，是由其童年时期决定的。阿德勒认为，自卑性或自卑感本身并不是问题，重要的是为了补偿它，人需要设定对自身发展有利的目标。

049

人很难摆脱小时候形成的生活习惯。

只有极少数的人能够从年幼时期形成的生活方式中解脱出来。即使人的精神在长大后，可能在另一种情况下呈现出了另一种方式，从而给人以不同的印象，但其根本的生活方式并没有改变。

鉴于此，阿德勒心理学将考察童年时期的精神作为学术主线。并认为，想要改变一个人，重要的是要了解他的生活方式。

050

人类正因为有记忆，才能为未来做好准备。

所有的记忆并不只是单单“存在”于我们的大脑之中，它还能给予我们一些警告和鼓励。所有的记忆都是出于某种意图而存在的。而只有在我们了解了底层的最终目标时，才能判断它的意图。

记忆的作用，是为了帮助我们很好地适应那些模糊不清、隐约浮现的目标。它能帮助我们记住那些对保持精神的前进方向来说重要且有用的事，并忘却那些对保持前进方向不利的事。

051

个体心理学中所引申出的“共同体”，常常是求之不得的，却也是常常引人前进、指明道路的目标和理想。

社会兴趣（共同体感觉）带来的归属感、信任感和贡献感将社会中的人与人连接在一起，成为通往生活课题的最佳通路。社会兴趣让人们意识到自己是社会中的一员，这种归属感会使人们更加轻松；而让人们意识到自己能为社会做出贡献的这种贡献感，反过来更加有利于建立一种相互尊敬的社会氛围。这样的社会也会为其中的每个人服务，就这样产生了人与社会的相互信任。

社会兴趣的构建，最终也会成为鼓励你达成三大课题这一目标的推动力。

052

特殊情况会诱导情绪的产生。

在伴随着强烈痛苦的紧张感的作用下，人所具有的调节能力便会开始发挥作用，从而让你从压抑的状态中逐渐振作起来。有时人们越是处于困境越会变得乐观。

当人们陷入困境、感觉自身的力量受到威胁，或是想要克服自身的弱点时，这种感觉就会随着紧张程度愈演愈烈，从而帮助自己快速进入“设法靠自己的力量闯过难关”的模式。

053

我们有时会被人不公平地对待，但我们必须坚强，不要让自己成为那种不公平的、狡猾的人。

阿德勒在演讲中与一个孩子互动时说：“要对周围的人们抱有兴趣，不要欺骗他们。这是赢得爱的捷径。”

而那个孩子一直感觉自己没有被父母爱着。“爸爸妈妈更喜欢你的哥哥弟弟。”他在成长的过程中，耳边一直充斥着这句话。从那以后，他变得急躁起来。为了得到一丝安全感，甚至不惜撒谎和偷盗。因此，阿德勒给了他如上建议来鼓励他怀着希望生活下去。

054

我们的体内都有一个“小婴儿”来支配着我们的整个人生。

我们的个性都是通过“原型”（小婴儿）的成长而形成的。原型不会随着年龄的增长而改变。

一方面，如果你的原型是一种善于交际和关心他人的类型，你则会形成一种能够怀着对伴侣的忠诚与对社会的责任解决所有爱的课题的个性。另一方面，如果你是偏好吸引注意而压制他人的原型，则会形成一种为了支配对方而与异性发生性关系的个性。原型总是存在于个性之中。

055

如果一个哲学家想要完成某项工作，为了梳理自己的思维，需要长时间的独处。不过在此之后，他必须通过重新接触社会来继续成长。

为了达成“比他人优秀”这个目标，可能有些人想要在属于自己的空间里完成很多事情。然而，想要做成一件事，除了需要个人的知识，“与社会（周围的人）的接触”和“共同感受”（common sense）也是必要的。

共同感受是指对方和自己有一致的感觉方式。通过与他人的“求同存异”，培养建设性的人际关系是十分重要的。

056

人们总是试图把自己的想法冠以“情绪”之名来使之正当化。

“目标”所决定的人生方向，不仅会影响人的特征、行为举止和表情，还会影响人的情绪。

比如，如果一个人想着“把工作做好”，那么他的情绪可能会激励自己去“努力”，也可能会催生出一种告诫自己“谨慎做事不要出错”的情绪。总而言之，情绪产生于一个人所固有的生活方式，而他的生活方式又会因为情绪的作用更加合理化。

057

只有具有普遍妥当性的事物，才合乎道理。

想象一下人类进步的过程，我们就会得出共生的结论。而这种逻辑，要求一种适用于所有人的“普遍妥当性”。我们想想“语言”这个工具就能明白了。

谈到语言，就离不开它的普遍妥当性，即“大家都能理解”。这说明语言是在人类的社会生活中产生的。正因为具有普遍妥当性，“语言”才会作为维系人类社会生活的工具而存在。

058

“情结”并非遗传，也不是血液中的病毒。它只不过产生于人与人之间的相互关系当中罢了。

“自卑情结”和“优越情结”这两个词，表达的是人因无法适应社会而陷入的状态。由此可见，“情结”是在社会生活中产生的。

并不是每个人都有着某种情结。如果一个人制造出工作能力强的假象，寻找自己无法完成工作的借口并以此为由逃避问题，情结就会从这样的态度当中产生。不逃避课题，不做掩饰去勇敢面对，就会带来幸福。

059

娇生惯养的孩子，总想把责任推给别人。

在溺爱中长大的孩子，总是希望“通过撒娇来博得关注”。他们这样做，也是因为观察了父母对待自己的方式后，认为“自己应当是这样的孩子”，从而确定了自己的角色。

如果孩子一直被恣意放纵的话，他就会产生一种“我被宠坏也没问题”的认识；如果孩子在成长的过程中一直被夸赞“真聪明”，就会产生“自己很聪明”的认识。他们会被父母贴上的标签深深影响。

060

在大多数情况下，如果说兄弟姐妹中的一人非常聪明，其他孩子就会显得多少有些问题。

如果家里有个出类拔萃的聪明孩子，其他的孩子就会显得低人一等。即使其他孩子的学习水平高于平均水平，如果比不上那个聪明的孩子，就会显得他们有问题。

如果仅以“比其他的孩子差”为由，就把孩子看作“有问题的孩子”，就降低了他在家里的位置。从此他就会在那个聪明的孩子面前抬不起头来，最终成长为一个对自己没有自信的大人。

061

在想象中，人的独特性会表现得更加明显。

所谓想象，就是在客体不在眼前的状态下重现那种感觉。也就是说，想象仅仅是“在思考中被唤起并再现的感觉”。它是根据个人的目标和目的而建立的。

有些想象非同寻常且形象鲜明，让人感觉身临其境。而动摇自己意志的客体，就像真的存在一样浮现在眼前。这种从实际存在的对象中产生的想象叫作“幻觉”。

062

人生中的各种感受，都会被追求优越性的过程中积累的共同体的量所修正。

阿德勒说，如果母亲能让孩子们自力更生，让他们去关注更广阔的人生，那么孩子们就能更好地构建他们的共同体感觉，更加独立、勇敢。

一些问题行为突出，甚至走上犯罪道路的孩子，常会在人生中做出一些无用的行为。这或多或少都是共同体感觉的匮乏，以及由此带来的自信心的缺失导致的。但共同体感觉是可以习得的。关键是要用“勇气”给自己和他人带来活力。

063

人非圣贤，孰能无过。重要的是改错的过程。

正如已经提到的那样，性格是可以随时改变的。对生活方式的修正当然是在“原型”的形成时期（幼儿期）更容易进行。但如果没能在此时及时纠正，之后也可以通过回忆童年的整体状况来修正。

你所设想的自我形象，对你如何接近理想中的自己有很重要的影响。通过寻找自己好的一面，并多多关注自己的优点，你就有可能树立起积极的自我形象。

064

不能马上学会游泳的人，假以时日也必将掌握这项技能。

过于依赖母亲的孩子往往对自己没有信心。身体孱弱、不如兄弟姐妹聪明等不利因素，让他们染上了悲观的思维方式。他们在成长的过程中遭遇了许多不由自身意志决定的情况，并受此影响，没能学会独立自主。

但我们要让孩子相信，尽管他没能马上表现得很好，再过一段时间他也一定会做到的。每个人都能拥有具有建设性的思维方式和自信的心态。

065

在概念、认知、情感、行为和思维方面，没有两个人是相同的。

20 世纪 20 年代，阿德勒在英国医学杂志《柳叶刀》上发表了论文《神经症的构造》。在这篇论文中他强调，心理健康的关键在于把共同体感觉与社会协作结合起来。此外，他还发表了关于个性形成和发展的见解，提出一个人独特的生活方式形成于学龄前时期。人的概念、认知等是孩童时期形成的生活方式的一部分。每个人的生活方式都是独一无二的，因此随之产生的概念和认知也是因人而异的。

066

随着目标的确定，人们开始积累实现目标的经验。

如果你渴望适当的成长，那么你应当把热情投入到对他人有用的、有益的目标当中。比如，一个专注于“做出贡献”的人，应该会让自己保持在一个最适合做出贡献的状态。也就是说，这个人要根据自己的目标（理想）来改变自己。

人们会为了达成目标，而主动选择要经历的事件。也就在这时，人才真正掌握了解决生活课题的能力。

067

对于人类来说，在朝着部分目标（目的地）前进的任何一个动作的背后，都有一个整体性（全面）的动作。

作为人类，我们努力处于一个我们认为已经实现了“安全保障”的位置，也就是说，我们已经克服了生活中的一切，实现了完全意义上的安全和胜利。

从这个目的中我们可以看出，人的所有“动作”和“行为”都相互关联，身体和心灵也保持一致。无论是心灵的成长还是身体的成长，都是为了达成“终极目标”。人的身体会朝着原本内嵌在基因里的理想形态去成长。

068

不是每个人都有自卑情结。这是因为心理机制在发挥作用，有的人能够通过这种作用把自卑感或优越感用在对社会有用的事情上。

人有自卑感是理所当然的。这份自卑将何去何从，也完全由自己决定。自卑感本身并不总是起消极作用，有时它也会成为进步的阶梯。

自卑感和优越感之所以能被用来造福社会，是因为共同体感觉在发挥作用。具体的手段就是勇敢去面对挑战，让自己和周围的人乃至社会变得更好。

069

乐观主义者可以在困境下也保持冷静，他们坚信错误是可以重新弥补的。

阿德勒告诉我们："乐观主义者指的是在性格的发展上径行直遂的人。对于困难，他们能勇敢面对，从不过分解读。"有勇气的人是乐观主义者，没有勇气的人则是悲观主义者。

意志坚定地去选择践行乐观主义，是成为一个有勇气的人的第一步。拥有积极乐观的想法能鼓舞自己，连接他人。

070

教导孩子们注意“合作”是极其重要的。要让孩子们在和同伴一起互动和玩耍的过程中，找到自己独特的合作方法。

对于有神经症倾向的患者来说，“开展合作”可以防止这种倾向的加重。因此，重要的是要从幼年时期就开始训练孩子以合作的能力和勇气来对待生活。

培养合作能力最合适的情景就是通过游戏，或者其他需要与伙伴协作的场合。在孩子使用游乐设施的时候，要教导他不单单是自己享受，而是要与其他伙伴依次使用，与他人分享这份快乐。这对于培养孩子的合作能力是十分有益的。孩子们通过游戏也能学到重要的东西。

071

各种外部刺激影响着我们内心世界的形成，而其中最强烈的刺激发生在幼年期。

阿德勒在研究个体心理学时，曾试图将童年的体验、印象和态度与成长后精神世界的现象明确地联系起来。

通过比较小时候的经历与长大后的状况和态度，他发现人内心的各种现象是相对独立的，不能作为一个完整的整体来看待。也就是说，在精神的成长变化这一点上，人在幼年期与成年期的表现上没有任何变化，精神朝着目标运动的部分与孩童时期始终如一。

072

我们牢牢把握住未来、勇敢直面并克服挑战的能力，在梦境中也有所反映。

人们有时会做白日梦。所谓白日梦，就是指人在白天清醒着的时候，像做梦一样地去空想或者发挥想象。

无论是在夜晚的睡梦中还是在白日梦中，都会反映出人们迈着坚实的步伐、开辟未来的道路的内容。二者的明显区别在于，我们几乎无法理解睡梦中的内容，但我们可以勉强理解白日梦的内容。梦给了我们一种观测精神生活的重要抓手。只不过，理解白日梦尚且困难，更别说是睡梦了。

073

所有脱离社会兴趣而迅猛发展的能力，都会扰乱生活的和谐。

有个学生来拜访阿德勒。他因为不能参加考试，不知如何是好。并且由于极度紧张，他无法入睡，也不能集中注意力。这种症状表明他缺乏勇气。他自述，自己没有朋友，也不曾与谁坠入过爱河。这说明他缺乏共同体感觉。他最久远的记忆，是他曾“待在摇篮里，看着周围的壁纸和窗帘”。由此可见，人总是对肉眼可见的活动抱有兴趣，但如此，就会破坏人生的和谐。

074

总是关注个人私事的人，是不能像其他人那样轻松地分辨是非善恶的。

人在主观地去观察事物时，会对事物有“个人感受”。然而，阿德勒认为，如果你的目标是成为一个有建设性的人，那么培养“共同感受”是十分重要的。如果一个人能够以共同感受作为基础使用语言，说明其具备了充分的共同体感觉。将基于共同感受的判断与基于个人感受的判断相比，前者相对更加正确。因为共同感受正是由共同体感觉构建而成的感受。我们正是根据基于共同感受来区分善恶的。

075

“现实”从未间断。

做梦时，人们往往认为是一种与自身意志无关的力量在起作用。但阿德勒说，人在做梦时的思维与平日的思维并不是完全不同的。梦境中的思维与现实的思维之间没有一条清晰的界限。

我们在睡觉的时候也在接触现实。我们能在睡眠中调整身体的位置以防止自身从床上掉下来，也是因为经常接触现实。这也是睡眠时的思维与现实的思维相联系的体现。

076

有两类人相信命中注定，一种是人生中遭遇变故的人，另一种是遭遇变故而幸免于难的人。

阿德勒指出，相信“命运”的这种观念，不仅影响着个人，也影响着整个民族和社会。但他同时指出，相信命运可能会导致懦弱的逃避行为。因为人们会认为，在益于生存的道路上努力或成功与否，与自身的意志无关。

一直以来，人都是靠自身的力量来决定自己的人生的。正因如此，今后的人生也可以由自己来决定，你可以随时做出改变。

077

为社会做出新贡献、带来进步的，大多是与身体和生活环境方面的困难做斗争的人。

阿德勒曾说："我们'个体心理学'的咨询师曾多次看到有器官缺陷的孩子克服困难，或者在克服的过程中获得了对他人有益的非凡能力。""对我们社会做出重大贡献的伟人们，很多人从小器官就有缺陷。"

阿德勒认为，如果能很好地利用与生俱来的不利条件，它将会成为推动人们成为有用的人的助力。

078

意志一旦与目标相结合，就会变得不再自由。

在阿德勒将要建立个体心理学的时代，“人的意志是否有自由”成了当时争论的焦点。在这个问题上，阿德勒认为，当意志与目标联系在一起时，它就变得不自由了。

人的精神是这样运作的：首先要确立目标，由此必然会发生精神活动（意志）。目标通常产生于宇宙、生物和社会等因素的限制当中。随后，意志会按照由此产生的目标而发挥作用。

079

遇到失败不应气馁，而应将其作为一个新的课题来对待。

深受阿德勒影响的心理学家阿尔伯特·艾利斯认为，基于每个“信念”产生的“认知”决定了“偶然事件”的发生。要想改变无益的情绪和行为，需要把非理性的“信念”转变成理性的“信念”，而并非去改变事件本身。这种方法在家庭疗法中称为“重构”。

即使遭遇失败，也要利用重构的方法，从多个方面寻找失败的意义。吃一堑，长一智。

080

极端的教育会给人的命运带来负面的影响。

受到过于严格的教育或被过分宠爱的孩子，会试图用同样的手段使他人从属于自己。被严厉教导长大的孩子会对他人很严格，而被溺爱的孩子行动时总是离不开其他人的情感关注。结果就是，这样的孩子或多或少会被社会所孤立。他们很快就会注意到别人的行为方式，并加以利用。他们能不能朝着目标努力，或者向着恶的一面发展，取决于父母对待孩子的方式。

081

“假设”是我们左右为难时最后的依靠，也是逃避困难时唯一可行的方法。

人们之所以通过“假如……”一类的言行，以假设为理由来逃避困难，是因为他们害怕失败。在所有形式的理由当中，“假设”是最难以承认的，因此它会以“不安”这种虚构的形式表现出来。

不过，时常倾向于使用假设的人在正确解释现象时，应当考虑并解决排除假设产生时的不安因素。但这类人之所以会倾向于使用假设，本质仍是源于他们害怕失败的心情。

082

在是否要优先考虑集体利益这个问题上，如果你感到犹豫不决，不妨从更大的集体层面上来考虑问题。

阿德勒告诉我们，“对与社会要求相反的复杂问题，要从永恒的视角来看待。这样，我们就能远离难以抗拒的要求，远离恐惧而导致的看待事物的错误方式，远离焦虑和扭曲的目的，从而依据社会生活的基本规则来考虑事物”。

换句话说，不要优先考虑自己的利益，而是要优先考虑学校或公司等集体的利益，甚至是全社会、全国家、全世界、全宇宙的利益，这样就能做出符合共同体感觉要求的判断。

083

一个组织能力良好的社会（集体），一定会为成员的能力提升提供帮助。

在社会（集体）中，不是每个人都具备相同的能力和力量。但是，对于组织能力良好的社会来说，即使在孤立状态下生活能力不足的人，社会也会弥补其能力不足的部分，使其能在社会中充分成长。

这是因为，我们不是仅靠一个人遗传而来的能力评判他。人的能力是可以提高的。一个组织能力良好的社会会充分理解这一点，所以也会对其中的个体给予充分的支持。

084

“好与坏”“正常与异常”并非相对立的，而是可以转化的。

人们常常深信，“左与右”“男与女”“热与冷”“轻与重”“强与弱”是相反的概念。但从科学的角度来看，这几组概念并非极端对立的，而是可以互相转化的。

例如，热和冷只不过表明了“温度”这个尺度上的程度的不同。换言之，热和冷的概念是基于温度与人类创造出的程度（理想）有多接近来定性的。

085

从自然的角度来看，人并非一种高等的存在。

若人类在对抗大自然时仅凭自己的身体，其力量微乎其微。我们在维持自我生存时需要数不胜数的辅助工具。

想象一下一个人在没有辅助工具的情况下，独自站在丛林中的情境吧。与任何一种生物相比，没有工具的人类的处境都危险得多。我们既没有一些动物那强韧的肌肉，也没有一些动物那锋利的獠牙。人类只有在条件好的情况下才能生存下来。

086

只有那些有勇气、对自己有信心、在集体中举重若轻的人，才能从人生的困境和顺境中都汲取养分。

通过阿德勒心理学教育、治疗、关怀一个人的时候，首先要了解这个人有多大的共同体感觉。这是教育、治疗、关怀过程中最重要的因素。

具有共同体感觉的人从不胆怯。他们遇到困难能欣然接受，并相信自己能够渡过难关。而缺乏共同体感觉的人，是没有做好解决困难的准备的。

087

无论是大人还是孩子，即使不关心社会（周围的人），当意识到自己能力不强时，也会想要变得出类拔萃（力争上游）。

怀揣着自卑感去追求优越性是人类的本质之一。认为自己软弱的人并不关心社会（周围的人），他们试图通过获得个人优越感的方式来解决人生问题。

其实，一个人只要拥有共同体感觉，即使想要出类拔萃的想法很强烈，也能走上一条利于生存的道路。而缺乏共同体感觉的人并没有做好解决人生问题的准备。

088

“就算沿着有助于生存的道路前进，可能还是会失败。”人要是无此顾虑，就不会选择踏上那条“无助于生存的道路”。

曾经有个小男孩去拜访阿德勒。他说自己生活在敌国之中，除了自己，其他人都是敌人 。小男孩似乎觉得，在这里唯独自己是英雄，必须要同周围的人战斗。于是，阿德勒对他说 :“那只不过是你对英雄拙劣的模仿罢了。你可以用更好的方式成为真正的英雄。”阿德勒认为必须要让他从英雄游戏的生活方式中清醒过来，于是对他说了一些贬损心情的话，实则是给予其信心，让他在有助于生存的道路上继续走下去。

089

孩子们撒谎和行为不端，是因为他们没有处在一个幸福的环境中。

当发现孩子偷窃时，父母没有必要严厉谴责。在成长过程中，孩子不可能总是正确的，所以当孩子做错事时，父母应当告诉孩子，自己对他的未来充满希望。不断的鼓励会让他获得勇气。此外，父母还要探究孩子为什么不在一个幸福的环境中。这个问题的关键是确认自己对待不同的孩子是否存在优劣之分，或者孩子是否存在过度自卑的情况。

090

目标的制定标准：目标完成后能产生优越感，或者认为自我得到了提升，找到了生活的价值。

目标的成功制定还取决于人们共同体感觉的多寡。如果不比较个人的共同体感觉与对他人的影响和追求优越之间的关系，就无法判断目标是否具有发展的可能性。

此外，目标还能给人的情感赋予价值，运用知觉给人带来影响，塑造印象，操纵人的创造力。所有我们在无意识中创造的东西，其实都受到了目标的影响。

091

无论在何种体验之中，我们都想要找出与坚持目标相契合的方面。

追求目标这一想法弥漫在我们的精神生活之中，我们的记忆与情感都受其影响。比如，在工作上和一个客户发生了沟通不畅。将事业成功视为目标的人，会思考如何避免失误，他们会把与工作评估相关的事放在首位。而将与身边的人和谐相处视为目标的人，会考虑到联络失误可能会让对方感到不愉快，他们会把体谅对方的心情放在首位。即使经历相同，经历者设定的目标不同，感知也会有所差异。

092

那些表现得宛如高人一等的人，内心都有一种自卑感，这让他们不得不拼命掩饰。

就像忧虑“自己是不是太矮了”的人，为了让自己看起来高一些，会踮起脚尖走路一样，自卑的人会用傲慢的举止和指手画脚的雄辩来掩饰自卑。

阿德勒说“无人能从虚荣心中获得自由”，虚荣心过盛反而会导致优越情结出现。所以，让我们用共同体感觉来取代虚荣心和野心吧。

093

任何过火的教育方式都容易伤害孩子。

让问题行为突出的孩子和失足少年回想自己的童年经历，他们大多都遭受了过于严苛的管教。爱操心的父母往往会对孩子要求严格，然而这种态度会让孩子感到失望。

阿德勒心理学研究者野田俊作提出的四个法则，成为阿德勒心理学在培养孩子方面的重要要素。培养具有健全人格的孩子，重点是要让他学会尊重他人、承担责任、重视社会生活和培养自身的生活能力。

094

做梦不就是为了激起一种“情绪”，让人可以做好面对问题的准备吗？

我们每个人都有自己特有的生活方式。如果我们的生活方式与社会相顺应，并以合作为前提，那么就没有必要违背现实和常识来生活。

但如果这种生活方式与社会不相容，且缺乏合作，那么我们大概会觉得很难坚持自己的生活方式吧。到那个时候，我们就会去做梦，通过美梦激发出的情感来实现自我欺骗，从而继续坚持自己的生活方式。

095

激发对自己有益的情绪（心情）其实并不是稀奇的事。

曾有位学生，在大考前一天梦到自己立于高山之巅。他说，第二天早上醒来后自己便觉得信心倍增。他在梦中激起了一种能带来自信的情绪。这种事情并不少见。准备跨过小溪的人，通常会喊“一，二，三”然后再跳，这便与上述同理。我们拥有激发自身情绪的能力，它是我们创造自己的生活方式，并使其固定下来和强化的手段。

096

如果不能做到情感代入的话，最终结果就是完全不能接受与他人的合作。

就像共同体感觉的多寡因人而异一样，人们情感代入的程度也各不相同。一个人情感代入程度的高低，在其孩童时期就初现端倪。有的孩子会把布娃娃当作是有生命的，而有的孩子更在意布娃娃的里面是什么，它具有什么功能。

有的人对无益于社会共生发展的事情感兴趣，想要独善其身，这种现象与情感代入的程度低下息息相关。

097

任何教诲，如果不是秉承友谊精神去给予的话，都不是好的教诲。

当孩子做了坏事时，有的父母会施以“惩罚”，督促孩子反省。

父母认为在与孩子相处时，为了传达自己的正确性，就必须要否定孩子，惩罚便是这种“纵向关系”的有力证据。如果能互相认可对方的作用，建立起“横向关系”，那么不用惩罚等办法，通过建设性的方式也能够解决问题。请经常站在给予对方勇气的正确角度，努力营造互相尊重的家庭氛围吧！

098

让“心”发挥作用，不断战胜困难积累经验，这样的人往往会比孩童时代不用如此负重前行的人取得更多的成就。

阿德勒说，就算不利条件是与生俱来的，我们也能将其摆脱。他认为，有的人即使在身体上、环境上存在劣势，如果能将由此产生的自卑转化成动力，提升自己的话，劣势也能变成巨大的优势。

但是，只有从“心”出发找到克服困难的正确方法，才能实现优劣势的转换。拥有一颗训练有素的心，就能掌控这些不利因素。

099

正常人不可能轻言放弃。

“精神姿态”（思考方式）因人而异。生活中多多少少会有一些人更有主观能动性。也有人早早放弃，有始无终。

但实际上，没有人会真正放弃。人是常常会感到自卑的，因此我们会形成一种不会轻易放弃的机制。如果有人看起来像是已经放弃了，这反而说明他“想坚持下去”（不放弃）的想法愈发强烈了。

100

一个人认为自己“终将会被拯救”，最终只是虚假的支撑。

认命的人，为了过上有益的生活，很容易放弃努力转而选择逃避。如果认为所有的事情都不以人的意志为转移，听天由命的话，那么就否定了“自我决定性”。

人们往往把失败和不幸归咎于所处的环境。但是，这单单只是一个影响因素，并不是决定结果或行为的原因。我们每个人都不是“命运的牺牲者”，而是“开拓命运的主人公”。

101

在社会生活中，我们在评判某人时最容易犯错误。

阿德勒说，精神病学本身是最需要理解人类的学问。他认为精神病学不是光靠浅显的理解就能了事的领域，医生一旦出错，就会立刻反馈出糟糕的结果。相反，如果医生能正确把握，就可以得到好的结果。

社会生活中的判断失误，有时会在几十年后带来严重失败，或者酿成悲惨命运。因此，阿德勒认为，我们必须要深入了解人类的本性。

102

愤怒也好，不安、悲伤也罢，无论我们被何种情绪所驱使，我们的“身体”都会有所表达。而且，我们每个人的“身体”都有自己的语言。

任何一种“情绪”，在某种程度上都是通过“身体”来表达的。我们的情绪通过某种可视的方式被表达出来。它既可以表现在行为举止和态度上，也可以表现在脸上。颤抖的腿和膝盖不也能传达出某种情绪吗？

身体对情绪会做出何种反应，这在一定程度上与遗传有关。因此，观察对方的身体反应，是了解这个人的家族弱点和特殊倾向的线索之一。

103

儿童对外界的印象会影响其目标的达成。

如前所述，我们必须要意识到，人类的所有行为，都是有目标朝向的。理想的目标是在人出生后的几个月建立起来的。因为在那个时候，孩子开心或者不开心的印象已经存在了。

即便这个人处于极其单纯的状态，我们也能窥见其世界观的雏形。因此，精神世界的主体，在婴儿期就已经产生。

104

成功与否，要看你有没有“勇气”。

我们有时会偏执地认为，自卑情结是由遗传继承导致的。如果这种偏执的想法是事实的话，那么即便是心理咨询师也爱莫能助。换句话说，成功与否不是由遗传特征决定的，而是在于有没有勇气。

一个人的成长始于勇气。在克服困难的道路上，如果我们具备勇气，就会采取积极的行动去努力、学习、合作等。

105

想要一直占优势的人会唤醒竞争意识，其人生就处于不断斗争的连锁反应中。

有时，人们为了获得“优越感”，会编造对自己有利的故事，捏造过去。然而，瞧不起人、虚张声势的人反而会暴露自己强烈的自卑感。如果过分追求优秀，人们就会深陷某种困境，逃避需要完成的课题。

拿自卑做挡箭牌，也解决不了任何问题。当一个人不再以自卑为借口，开始直面挑战之时，才是他真正开始改变的时候。

106

在任何情况下，我们都将为追求卓越而不断努力。

虽然我们会想尽办法来完成生活目标，但并不会对所取得的成果感到满意、放心。每当我们完成一个目标，下一个目标就会出现。追求卓越是人的常态。

因此，从结构上看，我们的自卑感永远不会消失。所以，想要克服自卑感，就需要持之以恒的努力。但需要注意的是，当我们被一个又一个的目标所驱使时，要避免在不知不觉中采取过激的行为。

107

在生活中，儿童属于弱势群体，如果他们身边的人缺乏一定的共同体感觉的话，孩子将很难生存下去。

儿童是难以独自应对生活的，因为他们既弱小又需要人照顾，其成长又需要较长的时间。他们会把外界的影响视作重压，对外界产生敌对情绪。

这样的孩子，不愿与别人交流，更不会和其他孩子一起玩耍。由于受到各种外在压力的压迫，他们会产生一种处处受限的感觉，并出现强烈渴求向外索取及强烈主张权利的倾向。

108

仅靠勇气，就能开发孩子的所有潜能。

我们需要培养孩子拥有比成人更乐观的思维。从小就给孩子灌输“你做得很棒，以后还能做得更好”这样的思想，培养成功所需要的自信和勇气。

相反，如果总是说“你什么事也做不好，看看别人家的孩子多优秀。稍微犯点错也是很大的失败”，就容易养出有自卑情结的孩子。

109

人在经历过失败而失去自信的时候，就会想起过往的失败经历。

人们会记得那些佐证其生活方式的事件。悲观的人经常会想起悲伤的经历，而开朗勇敢的人则会记起快乐的经历。因此，害怕失败，迟迟不肯向前的人，应该练习用乐观主义的思维方式进行思考。

人生难免会失败。没有人总是成功。问题不是你是否会失败，而在于失败后你会记得什么。

110

改变自己的行为方式，需要他人相助。

我们可以通过重新审视对经验的错误解释，承认错误，并改变“统觉框架”来纠正自己在幼年时期决定的“人生意义”。

虽然有人仅凭一己之力就能改变自我，但如果有人能帮我们一起找到童年的错误，并告诉我们更恰当的人生意义的话，我们就能很好地做出改变。除非你承受了巨大压力，完全到了走投无路的地步，否则在无人帮助的情况下，单靠自己一个人是很难改变的。

111

人在采取行动时，必须要借助“情感”的力量。

在阿德勒钻研个体心理学的那个年代，“感情并不与生活方式相矛盾”还是一个新颖的观点。阿德勒将感情定义为：为了达成目标而经由生理学过程产生的东西。

比如，愤怒只是为了达到控制对方这一目的的一种手段。为了实现攻击对方这一目的，我们就产生了愤怒的情绪。

112

只有当一个人觉得自己对他人有用，克服了非个人的共同自卑感时，他才会在生活中感到放松，觉得自己的存在是有价值的。

无论我们怎么强调“提升共同体感觉”的价值都不为过。心灵之所以能够成长，是因为人的知性与社会息息相关。

当一个人感受到自我价值时，勇气和乐观会随之而来，他也会坦然接受人类共同宿命的优缺点。不仅是伦理价值，美学中的正确态度，对美与丑的最佳理解，也始终基于共同体感觉。

113

人，正是因为与社会相关联才称为“人”。

个体心理学旨在帮助人们适应社会。

个体心理学以适应“社会”为目标。这看起来似乎是矛盾的。但阿德勒说，当我们开始关注个人心理状态时，就会意识到它与社会（周围的人）的关系有多么重要。换言之，个体是通过了解社会而成为“个体”的。

114

人类是劳动的动物，人的行为中蕴藏着某种含义。

阿德勒曾说："我终于明白了心理学，或者说'心'的科学到底是一门研究什么的学问。"

人可以转动眼睛、舌头，活动面部肌肉。人的脸上是有表情的，表情又富有含义。阿德勒认为，心理学的目的就是探究表面"行为"背后蕴藏的含义、找到了解他人目标的线索、比较每个人目标的不同。

115

文化的影响，是设定目标的重要条件之一。

我们在设定目标时会考虑到要与社会文化相适应，那是为了在确保安全的同时满足自身的欲望。

但是，我们常常想要获取更多的安全感，并且总是欲求不满。所以，我们会因此徒增紧张，到最后便会临阵脱逃，远引深潜。

116

“如果……的话”这句话中隐藏着“自卑情结”。

有人会用“优越情结”（卖弄自己的长处从而逃避人生挑战）来弥补“自卑情结”（通过展示自己的软弱来逃避人生挑战）。

他们中的许多人可能都有怯场的毛病。然后他们就会说：“如果我不怯场的话，我什么都能做好。”像“如果……的话”这样的话语中就隐藏着“自卑情结”。

117

无论在任何情况下，孩子都不应该惧怕教育者。

阿德勒在 1940 年发表的论文《作为教育者的医生》中主张，医学的逻辑和崇高挑战不是治疗患病儿童，而是预防健康的孩子得病。

阿德勒主张，为了培育出健康的孩子，“大人必须收获来自孩子的爱意”“无论在何种情况下，孩子都不应该惧怕教育者”等，这些都体现了家长在培养孩子上的自尊和骄傲。

118

不管是什么理论，除非找到幼儿时期犯错的原点，否则性格是无法改善的。大概只有凭借“合作能力”和“勇气”，努力投身到人生实践中去，不断积累经验，才能使性格得到完善。

有人说“人的性格是无法改变的”。往往只有那些没有找到“人生意义”这把钥匙的人才会这么认为。

然而，不光要领会“人生意义”，如果不能意识到小时候构筑的“原型”中所存在的错误，也是无法完善孩子的性格的。并且，我们必须在意识到“原型”的错误的基础上，从孩子与伙伴合作、玩耍的过程中，找寻他们独特的合作方式。

119

做出假设，是为了让我们在混沌的人生中寻得方向和前景。

我们向目标迈进时，会创设一个现实中不存在的基准点来作为依据。那个基准点便是“假设”。

假设，原本产生于人类不完整的精神生活中，但却与学问知识、人生中的种种尝试很相似。例如，地球是以子午线来划分的。子午线虽然不是真实存在的线，但它作为一种假设，却存在很大的价值。通过假设基准点，我们就能前瞻性地采取行动。

120

人类的理解首先应该用来丰富我们的知识。

阿德勒认为，我们需要去体会并接受心中的所有情绪，并贴近他人的喜悦与不安。在这一过程中收获的知识与理解，会给我们生活方式的形成带来极大影响。

阿德勒说，有很多人即便没研究过心理学，也认为自己很了解人类。阿德勒进一步发展了个体心理学，用较为成熟的方式，让每个人都拥有促进精神成长的可能性。

121

人不可能感知到所看到的一切。

人对任何事物都有主观的认识。这种观点被称为“认知论”。也就是说，每个人都通过固有的有色眼镜来看待事物，并按照自己的意愿主观地赋予其意义，从而产生客观地把握事物的感觉。这就是为什么有的人认为蛇很酷，而有的人则认为蛇很可怕。

人们的感受各不相同，重要的是我们要认识到，自己也是戴着有色眼镜来观察世界的，并不了解客观真相。

122

人生是一个富于创造性的课题，它会为我们提供许多良机，并不会带来不可挽回的失败。

工作的课题、交友的课题、爱的课题都处理得一塌糊涂的人会认为，“人生尽是失败，又充满危险，哪有什么好机会”。然而，这并非事实。他们靠着人生充满危险这一臆想来躲避困难发起的挑战。

与之相反，能顺利完成这三个课题的人会认为“人生是一个富于创造性的课题，其中蕴藏着许多良机，没有什么失败是不可挽回的”。这样的人，无论遭遇什么挫折，都会将其视为一个好机会。因此，他们无论做什么都很顺利。

123

一个人的情绪和他们的“生活方式”相符合。这种情绪的强度，以及在其心中的分量，也与他们的期待相一致。

人们对事物的认知都是主观的。比客观事实更重要的是，一个人如何赋予事件和人物以意义。

而且，人主观认知的标准是由其生活方式所决定的。推测自己和对方的生活方式、了解对方的目标方向、预测其行动至关重要。在此基础上，我们还需注意不要被感情所迷惑，要根据合作的方向来选择自己的态度和行动。

124

只有人类能意识到自己终有一死。

人类正是因为意识到了“死亡”，才会深切感受到自然凌驾于人类之上。

虽然这种感觉成了推动文明发展的动力，但如果孩子在儿时轻易就接触到死亡的话，他的整个生活形态可能都会被这种死亡的印象所塑造。有些人会对死亡避而不谈，或者制造焦虑来把真正的恐惧从意识中剔除。这是因为他们本能地想要保护自己。

125

在未来人生的各个阶段，我们都与人生目标紧密联系在一起。

一个人的人生目标决定了他会过什么样的生活。这个人接下来的人生都与人生目标紧密相连。

阿德勒心理学认为，人的内心是逻辑自洽的，理性和感情、心灵和身体都是相关联的一个整体。我们将其称为“整体论”。乍一看，感情和理性似乎是各自独立又相互对立的存在，但实际上它们都指向同一个目标。

126

每个人都有自卑感和想要高人一等（身居高位）的欲望，但这并不意味着人与人之间毫无差别。

每个人都怀揣着自卑感和想要高人一等的欲望，但每个人的目标会因为认识到自己是“低人一等”还是“高人一等”而不同。

此外，“身体的强壮程度”“健康状况”“生活环境”等因素也会影响目标的内容。即使人的情绪类别相同，由于每个人身处的环境有所差异，他们的目标和行动也迥然有别。

127

有很多人认为“狡猾地使用把戏会对自己有利”，但从心理学的角度来看，我并不赞同这种观点。使用诡计以快速获取力量是懦弱者的表现。

诡计、狡猾、狡诈都是懦夫的工具。不知不觉就会产生消极想法的人，以及容易采取狡猾战略的人，可以说他们都失去了勇气。

有建设性的人是指在行动时会考虑能为自己和他人做些什么的人，而不是方便被周围人利用的工具人。能够思考为了实现对方和自己的目的能做些什么，以及应该为此做些什么的人，才是有建设性的人。

128

孩子为了克服弱点所做出的努力，能够刺激他发展更多能力，同时也关系到他是否能被教育好的问题。

特别需要社会帮助的孩子会发现，痛苦产生的根源来自“自己还是个孩子”。与大人相比，自己既矮小，又羸弱。这样的想法，会激发孩子想要变强的决心。

有些孩子会将这种自卑转化为成长的动力；但也有些孩子会把弱小当作武器，从而想方设法让大人对自己言听计从。孩子们的情况是极具多样性的。有时孩子会产生周围环境对自己不利的印象。

129

让自己成为孩子眼中“值得信赖的外人”是作为母亲的第一份职责。

被放任不管的孩子，更容易误解“人生意义”。他们并不清楚爱情与合作为何物，也不懂得要通过帮助身边的人来收获爱情和赞美。

这样的孩子会对周围的人疑虑重重，也无法相信自己。所以，为了避免这种情况发生，母亲必须成为孩子眼中“值得信赖的外人”。

130

我们必须要用常识性的方法来推进事物的发展，而不是遵从梦的敦促。

阿德勒说“最好不要对美梦抱有期待”。产生了这一想法后，情绪就不会被梦所动摇了。

我们睡觉时做的梦，大多都是莫名其妙的。如果梦的内容过于神奇，我们醒来后就会去猜测“今天的梦暗示了什么”，而这种行为是没有必要的。梦原本就是为了欺骗我们，令我们兴奋而被创造出来的。

131

在直面人生问题时，能获得其他人明确理解的方法就是解决问题的好方法。

如果一个人强词夺理、夸大其词的“个人逻辑”过于偏颇，那么其看待事物的视角也会无可避免地发生偏离。意识到自己的想法只是个人的意见，通过对话交流的方式形成对方能理解并认同的共同体感觉就显得尤为重要。

为了不被个人逻辑所支配，我们需要检视自己是否会不自觉地通过它来看待事物。我们还需要对经常使用“大家都”“完全”等极端词语的人多加留意。

132

服从本身没有价值。

父母和孩子作为人都是相互平等的。父母必须以尊敬之心对待孩子。想让孩子听命于父母是一个极大的错误。

习惯于听从父母的孩子长大后会成为一味等待指示的人。甚至还有对支配自己的人言听计从,按照其命令染指犯罪等情况。同样,父母也不能对孩子言听计从。父母与孩子在相互尊重、相互信赖的基础上,朝着共同目标齐心协力、学习人生道理才是最重要的。

133

为了让自己在这个地球上生存下去，为了确保未来人类的延续，我们必须在精神（智能）和身体上不断成长。

我们与地球有着千丝万缕的联系。我们生活在“地球”这个贫瘠行星的表面，而非其他任何地方。为了让人类在这个地球上存续下去，我们必须不断思索怎么做才能让自己活下去，才能为人类的延续做贡献。

我们能返还给地球什么？这个问题必须用行动来给出答案，就是把自己力所能及之事、自己的期望通过行动表现出来。

134

在夜晚可以安然入眠的人，能平和地应对人生挑战。

正如之前所说，任何态度中都隐藏着目的。一整晚翻来覆去睡不踏实的人，不满足于现状，还想着去做点什么。孩子之所以在睡觉的时候哭闹，证明他想在母亲的关注和保护下入睡。

然而，在夜晚可以安然入眠的人，能平和地应对生活中的挑战。白天进行适当活动，晚上的时间就需要用来休息放松、消愁解闷。

135

与其探寻过去的美好时光，不如努力追求进步。

共同体感觉成了区分成功与失败、幸福与不幸、善与恶等一切事物的标准。也就是说，所有问题的症结都在于缺乏共同体感觉。有的人在犯错后会因寻找原因而停滞不前，这样做是不正确的。通过提升共同体感觉，所有问题都将迎刃而解。

不要企图重返昔日乐园，试着每天想一想“明天，我们要如何让周围的人感到快乐”。这一习惯应该是解决一切问题的关键。

136

每一个言行都在诉说着同样的道理，每一个言行都将我们引向正确答案。

理智与感性，心灵与身体，意识与无意识，它们并非矛盾对立。我们要把它们当作一个不可分割的整体来看待，相辅相成，互为补充。

本想为了健康而戒烟，结果一不留神就又开始抽烟了。这种情况其实流露出“没想真正戒烟”的想法。即使一个人的言行看似自相矛盾，但他们都是奔着一个目的去的，就像汽车在油门和刹车的配合使用下驶向目的地一样。

137

自卑的人会为了隐藏自卑感而付出巨大努力，结果他们反而会因此意识不到自己的自卑感。

阿德勒曾说过，每个人都会感到自卑，同时也都会去隐藏它。自卑一般会被认为是一种软弱可耻的表现，所以自卑者会自欺欺人，假装自己并不自卑。到最后，就连自卑者本人也丝毫意识不到自卑感的存在。

然而，这并不是一种健全的状态。我们不要掩饰自卑，要大胆地承认它，并在此基础上将它转化为动力加以灵活运用。

138

有人爱出风头，其实是因为他自卑。

穿着华丽、放声大笑、敢于置身危险之中并爱出风头的人，并不以与周围人协调一致为目标。他们认为自己没有足够的力量在“有益于生存的道路”上同他人竞争。

但是，谁都有过想要引人注目的想法吧。所以，区分的重点在于习惯性。如果有人习惯性地想要做些与众不同的事情来引人注目，那便可以认定他们怀有自卑感。

139

勇气被挫伤的孩子，通常会表现出怀疑或绝望的态度。

如果父母让孩子感到恐惧，或者一味地追究原因，那么孩子的勇气就会受挫。孩子的勇气受挫与否，看看他们的态度便一目了然。

勇气受挫的孩子，总是用怀疑的眼光来看待事物、审视他人；而具有勇气的孩子则会坦率地相信他人。失去勇气的孩子，会表现出消极厌世、没有希望的态度；相反，有勇气的孩子则会对未来充满希望。

140

专注于某件事的人，即便到晚上也不会休息。

在现实世界中热衷于追求某件事的人，即使在梦中也无法停歇。在睡梦中，我们脑中的世界会以一种奇妙的方式连接过去与未来。

如果能知道一个人平时是以何种态度面对生活的，以及将采取何种行动来应对未来的话，我们就能明白现实与梦境之间的奇妙联系。梦,归根结底就是人们对待生活的态度。

141

个体心理学将一个人的人生作为“整体”来看待，认为人的每一个行为、反应、欲望都体现了这个人看待人生的方式。

传统心理学认为人的内心充满矛盾，但阿德勒心理学却与之不同。

就像汽车“乍一看油门和刹车仿佛是两个相互对立的存在，但实际上，只有同时操控两者才能使汽车运作起来驶向目的地”。同样的，人也是用整体论来进行思考的。此外，阿德勒还提出了目的论，即所有的行为、反应、欲望都是为了人生意义这一目的而一以贯之的。

142

只有重新审视对过往经历的误解，承认错误，并改变统觉框架，才能纠正对人生意义的错误认知。

我们都是按照各自最初定义的人生意义（为了什么而活）来解释经验的。

因此，即便实际与本意有所偏差，只要对实现自己的人生意义有所帮助，最初定义的人生意义也会被认为是正确的。这便是“统觉框架”，意思是“判断事物的框架”。而想要改变这一框架并不容易。除非感受到来自社会的压力，否则人意识不到自己的错误。

143

人不一定会从经历中学得聪明。

有的人的人生轨迹几乎没有发生变化。也许有人会认为自己已经积累了很多改变生活方式的经验了，但其实只是在统觉框架的范围内对经验做出有利于自己的解释。所谓经验，就是学会避开某些困难，并采取特定的方式来应对困难。

此外，每个人的“统觉框架”和“人生轨迹”都是各不相同的，所以两个人几乎不可能从相同的经历中得出同样的教训。

144

人类从大量的经验中只能得出特定的教训。

在德语中，“经历”意为“创造经验”。这一表达说明如何利用经验取决于人。

比如，一个人总是重复相同的错误。即使那个人每次都承认错误，其后续的结果也还是五花八门。他既可能努力去改善，也可能逃避责任，将自己犯的错归咎于父母。我们在日常生活中就可以观察到，人们从一段经历中会得出各种结论。

145

踏入“无益于生存之路”的人，通常都恐惧黑暗，害怕孤身一人，总想有人陪伴左右。

阿德勒在调查一个罪犯时发现，罪犯认为自己所犯下的罪行是聪明且英勇的。他深陷于“优越情结”之中，选择了自以为胜过周围人的犯罪行为。因此，在他看来，自己是个英雄，他并没有意识到自己的所作所为已经偏离了社会规范。

这一切都是因为他缺乏共同体感觉。这类人就是不敢与周围人合作的懦夫。

146

未来是由我们的努力和目标来决定的。

从孩提时代开始，我们就设立了目标，并无一例外地将其作为我们的“原型”（标准）。

孩子在感到自卑，无法忍受现状时，就会想要去设定“目标”，并努力朝着这个方向成长。这一行为决定了孩子的未来。我们的未来并不是由遗传、出生环境这些因素所决定的，而是取决于当下的目标和努力。未来是靠我们自己的意愿和努力来创造的。

147

隐喻有时被用于粉饰，有时被用于创造和空想。

遵循错误的“生活方式”的人，使用隐喻和符号是很危险的。

比如，有的学生想要逃避迫在眉睫的考试。这类学生可能会梦见自己站在一个深不见底的坑前，必须往回跑以避免掉进去。如果把“考试”和“深不见底的坑”等同起来，就会产生助长逃避考试的“情绪”。用隐喻来欺骗自己，最终是解决不了问题的。

148

人之所以在进入新环境后会出现问题，是因为在环境改变之前，没有做好充足的准备来迎接新环境。

我们有时会在问题出现后，将事情的发生原因归咎于新环境。这显然是不对的。只是到目前为止，我们一直处于自己的舒适区，而没有发现自己人格的根源性错误而已。

可以说，每一个新环境都是检验一个人反应的测试场。我们对新环境的反应，只是遵循了自身判断事物的框架，与环境无关。

149

睡姿和白天的姿态与运动同等重要。

人的精神状态，无论是在睡着时还是清醒时都是一致的。

比如，有的人睡觉时仰面躺卧，像士兵一样保持“立正”的姿态，那么这种人一般很自信，想让自己看起来很高大。与此相反，蒙着被子蜷缩着睡觉的人，他们往往消极且胆小。成年人睡觉时习惯保持固定的睡姿，如果突然改换了姿势，那便说明这个人的内心发生了变化。

150

悲观的人穷极一生都是为了确保自己着手的一切都将以失败告终。

与其他人相比，悲观的人不会遭遇太多危险。因为，他们对于发现危险更加敏感。他们中的大多数人，会挑出在他人看来没有问题的事情，并指出其危险性，从而表现得很不安。关于这一点，阿德勒说：“因为我们知道不安可以成为迫使别人顺从的武器。”保持悲观，就如同不断挥舞着武器让周围人顺从。

151

目标需要具体化。

当我们看到“目标”这个词时，可能会联想出一些抽象的事物。孩子在制定目标时，可能会选择具体的具有代表性的事物。阿德勒意识到，孩子制定的“目标”，可以成为反映其“共同体感觉”的一个指标。比如，某个孩子的目标是“成为一名医生”。他以这一目标为指标，通过救助他人等具体行为来奉献社会，就能实现成为一名医生的目标。

152

“想要出类拔萃”这一想法，是人类产生想象力的原动力，因此它也是为我们的文化做贡献的原动力。

我们如今享受的文化、艺术、经济、法律体系、技术等，都是由人类的想象力所创造的。所谓原动力，就是人类追求卓越，想要出类拔萃的力量。

然而，这种追求卓越的动力却来自认为自己低人一等的自卑之中。也就是说，无论是我们的自卑感，还是想要出类拔萃，追求卓越的力量都是推动我们创造出一个更美好的社会的原动力。

153

在美梦的轻抚下，人生问题以比喻的形式展现出来。

让我们一起来看看歌德的诗《婚礼之歌》是如何诗意地再现美梦的。

一位疲惫不堪躺在床上休息的骑士，在梦中看到从自己的床下钻出来的小矮人正在举行婚礼。那个梦让他感觉神清气爽，不久之后他自己也举办了婚礼。为了下定决心结婚，即使在梦中他也一直在思考这个问题。梦便体现了做梦的人对待现实情况的态度。

154

在直面人生中的问题时，合作能力是必不可少的。

你很难让一个没有学会合作的人出色地完成那些需要合作的工作。

然而，即便如此，在人类社会中，我们必须要完成自己被委以重任的工作，必须要记住那些能提升大多数人幸福感的工作。只有那些明白“人生意义”（为了什么而活）在于为他人做贡献的人，才会鼓起勇气直面困难，从而更有可能克服困难取得成功。

155

对于人类来说，认识并改变自己，难于上青天。

从经验中得出各种各样的结论，这大概是每个人的日常。

比如，有些人会重复犯同样的错误，其中有人会把责任归咎于父母。“一直被娇生惯养，即使面对逆境软弱退缩，那也是没办法的。”在这样的解释中，他们将问题的表面合理化，从而逃避自我批评；不承担责任，把没完成的事情归咎于别人。这样的人并没有意识到，自己几乎没有为克服困难付出过什么努力。

156

两个人不可能完全相同。谈及人的类型，它只不过是一种帮助我们更好地理解个体相似性的指挥手段。

我们每个人都有各自的生活方式。就像世上不存在两片形状相同的树叶，两个人的生活方式也不可能一致。

这个世界是多样的，给人带来刺激的事物、让人犯错的东西数不胜数。

因此，阿德勒心理学中使用了“类型”一词，就是为了让人们的相似之处更容易被理解。也是由于每个人的个性千差万别，尽量不想要再去细分。

157

“意识”与“无意识”朝着同一方向（目标）共同发挥作用。

过去，心理学一直认为“意识”和“无意识”是相互对立的，但阿德勒心理学认为意识与无意识之间没有明确的界限，它们仅有的区别就是你是否意识到自己正朝着目标前进。

人在怀有自卑感的同时，也有想要比别人更优秀的欲望。前者多表现在意识中，后者则多表现在无意识中。只要无意识地克服自卑感，意识中的自卑感就会消失。

158

人们只会以目标所要求的形式来利用目标所要求的事情。

所有的记忆，无论是“有意识”的还是“无意识”的，在实现最终目标方面会对我们发出警告或给予鼓励。没有意图的记忆是不存在的。在这里重要的一点是，存在“记得的事情”和“不记得的事情”。

为了让我们精神行进的方向保持不变，我们会记住一些重要而有用的事件。换言之，记忆对于我们的目标来说是必不可少的。

159

人之所以会做梦，就是为了在梦中寻找解决现实问题的简便方法。如果有人把这个视为做梦的目的，那么可以说这个人毫无勇气可言。

“在幽暗的隧道里一往无前地奔跑，终将会看到尽头。”人们运用比喻的手法来表达问题，并试图开辟一条解决之路。这种行为也传达出一种感知信号，即仅凭自己的知识是无法解决问题的。以隐喻的方式看待自己的处境是一种逃避。

如果人的目标与现实一致，那么把这样的比喻等同于做梦的情况就会减少。有勇气的人做梦的概率就很低，那是因为他们能够想方设法地应对现实生活中发生的种种事情。

160

轻而易举获得的成功也会轻易消散。

即使你取得了社会性成功，如果不付出必要的努力来维持它的话，成功也不会长久。原本就希望不用付出特别的努力就能成功的人，或者抱有即使失败了也没办法的态度来面对问题的人，对待问题缺乏认真的态度。

比如，想减肥却不运动，这样永远也瘦不下来，就算是靠节食等方法快速减重，如果不继续运动来保持体型的话，也会反弹。如若没有持续努力的态度，成功便会转瞬即逝。

161

帮助他人的心情，就像是神灵对施助者自然而然的馈赠。

拥有丰富的共同体感觉的人，在生活中会一直思考如何给予他人，如何做出贡献。如果秉持着这样的态度来生活，你永远不会思考怎么做能给予对方，为他人做出贡献，也不会希望他人认可你的行为。把给予视为理所当然的人，其心中会油然而生一种帮助他人的情绪。

与之相反，一心只想索取的人，大多处于茫然状态，不知满足。幸福不会降临到自私自利的人的身上。

162

一旦你认识自己，了解发生在你身上的事情及它产生的原因，因果关系就会完全改变，经验所带来的影响也会完全不同。

不知道自己的身上发生了什么的人，会将事情的因果关系归咎于他人或命运。换句话说，他们会编造出一种扭曲的因果关系，即认为自己没有错，错在他人，错在命运，错在社会，从而来保护自己。

如果他们能意识到这种因果关系的扭曲，明白共同体感觉的重要性，那么因果关系会完全改变，他们对自己经历的解释也会发生变化。要是能意识到自己的共同体感觉并不丰富，社会生活以及相互协作的能力有所欠缺的话，那么经历对他们的影响将会截然不同。

163

人类的生存方式、行为方式，以及如何找到自己的立场，都是和目标的设定相关联的。

人拥有自由意志。比如，石头一定会向下坠落。而人类在选择行动时，并不是只能做出一种选择。有可能会选择其他行动，这是人类行为的特征。

阿德勒认为，“人的每一个行动都是由目标来确定的”。将某种欲望或感情视为推动人行动的原因，这种人会给他人一种不稳定的行为形象。只有牢记目标，我们才能进行思考，采取行动。

164

如果能够对无能这种自卑感处理得当的话，便能刺激人们取得高水平的成就。

阿德勒说：“适当的教育是一种让人成长的方式，与是否有能力无关。”他认为，即使每个人的遗传素质不同，也都能做生活所需之事。重要的是，如何活用与生俱来的能力。

如果能将认为自己无能的自卑感转化为动力，那么无能就有可能转变为伟大的能力。有强烈自卑感的人，反而收获了巨大的成功，这样的事例并不少见。

165

过去，展现了我们想要克服的“劣等状态”和“无力状态”。

探究自卑情结的原因，一定是源于“过去”。阿德勒将自卑情结定义为“经常使用‘我不能做到B是因为A’这一逻辑”。这个A包括遗传、才能、过往经历等。自卑的人会从过去寻求借口。

具有自卑情结的人，都或多或少地潜藏着优越情结。而优越情结正是自卑情结的延续和发展。

166

儿童的情绪每天都在波动，他们的情绪最终会以某种形式被整理出来，并表现为自我评价。

阿德勒说："所谓教育，就是有意识或无意识地把孩子从焦虑中解救出来，教授给他们技能、知识和对事物的理解，调整他们对他人的情绪，从而帮助其生存。"

他说，儿童在幼年时期焦虑感和自卑感都很强，观察其程度固然重要，但更重要的是，必须考虑他们自身的情绪。情绪表现为儿童的自我评价，其目标也将由此确立。

167

有虚荣心的人，总是找借口避免被拉到生活的第一线。然而，他们总是在梦中创造出满足自身虚荣心的东西。

由于虚荣心给人留下的印象是负面的，所以人们总是想要把它隐藏起来。还有人把虚荣心说成是野心，而野心过盛就会变成虚荣心。然后，虚荣心就会发展为优越情结。

为了判断自己是否有虚荣心，需要我们在做好事时扪心自问，自己这么做是不是为了得到表扬？如果期待得到哪怕是一点点的赞赏，那就是优越情结的表现。

168

之所以明确了社会生活的重要性，是因为我们每个人只有通过分工才能完成各自的任务。

正如之前所说的，纵观整个自然界，人类是一个非常脆弱的存在。既没有强韧的肌肉也没有锋利獠牙的人类，只有在对自己有利的条件下才能生存下来。而这些有利条件是人们通过集体生活获得的。

并且，在集体生活中，人类通过将各自的任务进行“分工”，使筹措到武器等保护自身所需的一切物品成为可能。人类社会的延续需要“社会生活”与“分工”。

169

如果你理解了某个人是如何看待“人生意义”（为了什么而活）的话，那么你就掌握了了解这个人完整人格的钥匙。

那些认为“人的性格是无法改变”的人，只不过尚未掌握了解完整人格的钥匙而已。除非能知道一个人是为了什么而活，否则就无法了解其性格。

阿德勒告诉我们：“无论是何种理论，何种心理疗法，如果没有发掘出其幼年时期犯错的原点，就无法完善其性格。”要改变一个人的性格，就必须追根溯源，从其幼年时期找出问题所在。

170

任何人都可以学到任何东西。

人们普遍认为，阿德勒创立的个体心理学，使推测儿童的内心世界成为可能。他曾主张活用个体心理学能有效治疗孩子们表现出的困难。

因此，他认为在教育孩子的时候，教师不能自暴自弃，将在教育上遭遇困难的原因归结于孩子的遗传和天赋。“任何人都可以学到任何东西”已经成为有关教育的至理名言。

171

我们将度过怎样的一生，这个取决于我们赋予自身经历以怎样的意义。

阿德勒心理学否定了“决定论”的观点，即所有事件都与人的自由意志无关，都是从之前发生的事情中推导出来的必然结果。任何经历都不会成为成功或失败的原因。

我们有时候会因为遭受了前所未有的打击，也就是所谓的心灵创伤而感到痛苦，然而，这只是我们自己给经历“赋予了意义”，只不过是我们从经历中创造出符合自我目的的解释而已。

172

人类文化所追求的一个目标就是得到认可。

人类在参与社会生活的过程中，与他人产生比较在所难免。并且，人们对优越的渴望和求胜的欲望是源源不断的。因此，每个人都会追求一种“想要得到他人认可”的目标。

阿德勒心理学所提倡的不是“自我肯定”，而是“自我接受”。“自我接受”指的是无理由、无条件地自我肯定，而不是因为付出了努力或得到了他人的夸奖才肯定自己。并且，认同真实的自我，也会给他人带来勇气和力量。

173

那些利用“悲伤”来达到“比别人更优秀”（自己处于上位）这一目标的人是不会“快乐”的，无论做成什么事他们都不会拥有“满足感”。

阿德勒意识到，一个人的“情感”会朝着他实现目标所必须的方向，增长到所需要的水平。无论是焦虑还是勇气，快乐还是悲伤，所有的情感都会与其“生活方式”相匹配，这样的情感强度和情感在其大脑中所占比例也会与他的期待相一致。

而那些利用悲伤来获得优越感的人，只有在自己处于悲惨境地的时候才能得到满足。这是因为情感最终会成为支配人与环境的工具。

174

自觉身处困境之人，会把自己局限在人生的一小段中。

阿德勒认为，根据行为方式，人可分为两类，即通过意识范围的大小来对人们进行区分。

在大多数情况下，意识范围的大小对应着，你是在意人生的一个狭小范围，还是联系多个方面，关注范围宽广的人生或世界中发生的事情。而身处困境中的人关注度有限，他们只能看到人生挑战中的一小部分，无法把握宏大的整体。

175

“想要逃避”只有一个理由，那就是害怕失败。

人们之所以会试图逃避困难，是因为害怕失败。人是一种想要规避失败感和自卑感的生物。逃避失败，就可以避免考验。这样一来，有时人们也会因为“逃避”产生“失败感”。

但与此同时，人也是“自下而上，由服从向胜利”，制定的目标往往高于现状的生物。正因如此，我们的理想总是无法实现，被焦躁感裹挟和驱使成了常态。

176

在满足孩子情感上的需求之前，要先绕个远，让他们自发地做到举止文明礼貌。

阿德勒十分看重人际交往，他认为教育者应该用健康的方式来引导孩子，即“接触、观察、聆听”。

他认为，对于想要被宠、被爱和被表扬的孩子，教育者可以在满足孩子这些情绪的同时，用健康的方式来提高孩子的目标，友情和亲情便会随之产生。由此，孩子们的社会兴趣也逐渐形成。换言之，阿德勒认为，有效的教育需要激发孩子与生俱来的亲情。

177

所谓贪婪，本质上表现为不愿为全体或个人牺牲，为了守住微薄的财产，在自己周围垒砌高墙。

阿德勒说过 :“贪婪并不仅仅局限于金钱的积攒。”钱并不能留给所有人，所以它不是“最重要”的东西，但并不是说它对后世的人毫无用处。因为钱可以成为帮助他人、取悦他人的一种手段。除金钱之外，思想也能看作是一种“贪婪”。

据说，阿德勒愿意与他人分享他所拥有的所有物品。他还把他创建的个体心理学的方法留给了很多人，如今发展成了现代阿德勒心理学。

178

在回答人生中任何一个问题的时候，我们都必须考虑到与他人的联系。

我们并不是人类中唯一的成员。我们需要和身边的人接触，并和他们生活在一起。

单人独己的力量是微薄的、有局限性的，无法实现自己的目标。如果我们只想一个人生活，只想自己解决问题的话，恐怕很难生存下去。如此下去，自己的生命无法延续，人类也就无法延续。因此，面对人生中任何一个问题，我们的回答都必须要考虑到他人。

179

人们赋予人生的“意义”因人而异。

如前所述，每个人对“人生是什么”这个问题的回答，都会在他们的“行动”中表现出来。

一个人的所有行为，都体现着他对周围世界的看法及对自己的看法，体现着对“自己就是这样的人，这个世界原来是这么一回事儿”的判断，以及他对自己和人生所赋予的意义。人们赋予人生的意义各有不同，每个人都构建了独特的“人生意义”。

180

所谓“正确的意义”就是对人类，以及人类的目的和目标而言正确的意义。

无论是什么“意义”，都或多或少包含着错误。虽然没有人赋予人生绝对的意义，但倘若有一点有用的意义就不能对其全盘否认。所有的人生意义都介于“完全正确”和“完全错误”两个极端之间。

但是，我们可以在这些不同的人生意义中区分出更优秀的和略微逊色的意义。因为对人类整体，以及人类的目的和目标而言，有益的意义就是“正确的”。

181

精神活动本就是能够活动且具有生命的有机体独有的状态。

精神与自由活动是相互关联的。深深植根于地下的有机体并不需要精神活动。如若植物有感情和思维，在完全不能动的情况下还不得不继续遭受天灾，这种情况只能是痛苦的。

这么一想，就能发现，活动与精神生活的关联具有重大意义。动物是有精神生活的，其会判断观察、积累经验、建立记忆，以便应对身体难以活动的状况。

182

人们的某种能力，以及身体器官的优点和缺点都因人而异。

所谓的优点和缺点，是一种相对的思维方式。无论是优点还是缺点，都是由个人所处的状况决定的。

例如，普遍认为，人类的脚在某种意义上是“退化过后的手”。对于需要爬树的动物而言，退化过后的手是一大缺点，但对于在地上行走的人类来说却十分便利。所以，应该没有人会想用普通的手代替脚。由此可见，究竟是缺点还是优点，要视情况而定。

183

自卑、焦虑、空虚会迫使人们在人生中制定目标，并促使目标达成。

我们能够在年幼的孩子身上看到自己想要成为中心，想要引起父母注意的样子。这些表现是人类开始追求肯定的前兆。这种行为会在自卑的影响下不断地发展，孩子们会制定一个看起来比周围人都高的目标。

优秀性目标的制定还取决于人们共同体感觉的多寡。我们可以通过比较个人所拥有的社会兴趣，以及对他人的能力和优秀的追求的关系来进行判断。

184

人的颓废，是由于与“自卑情结”相关的“勇气的缺乏”。

阿德勒曾说过，所有存在问题的人的勇气都受到过打击。换言之，只要每个人都心怀勇气，就能使这个问题得到解决。

所谓鼓励，是指真心相信沉睡在对方心中的能力与活力，并帮助对方激发出自身的能力。所以，我们要培养相信自己的力量，与朋友互相帮助，造就生存所必要的“勇气”。

185

“自卑情结”往往会与“自己没有任何天赋”的想法联系在一起。

我相信很多人都认为“世上有天赋异禀之人，也有平庸碌碌之人”，这种想法本身就表明这些人拥有“自卑情结”。

阿德勒心理学强调的是，“人，做得到任何事”。如果孩子们放弃遵从这句话，觉得难以实现有助于生存的“目标”的话，那就是怀有自卑情结的信号。

186

父母与孩子之间应该是伙伴关系。

阿德勒曾在新闻播放单元中发表过演讲，在根据其演讲内容编写的《性格的塑造》一书中，阿德勒批评了许多成年人试图改变或威胁孩子们，以便他们更听话的这一倾向。他认为让孩子完全服从父母是不可取的。

更好的教育方式是以相互信赖、相互尊重为基础的伙伴关系，因为听话的孩子并不一定优秀。

187

野心过度的孩子会成为别人的困扰。

孩子们并不会建设性地使用他们的野心，他们通常会任由野心膨胀。野心过度的孩子会成为别人的困扰。作为在社会上生活的人，如果其野心再进一步发展的话，甚至会产生出敌对的态度。

这样的态度会表现为虚荣心、傲慢、无论如何都要尽力打败他人等方面，有时甚至会表现为不去充实且提高自己，反而满足于他人落后的样子。这样的孩子无法感受到真正的生活乐趣。

188

人们如果知道自己在做关于什么的梦，意识到自己沉醉其中的话，就会从梦中清醒过来。

“梦境会产生情感上的沉醉状态”，这一事实启示我们避免做梦的方法。在梦中，被选择的情景和影像往往象征着什么，这正是让自己沉醉其中的巧妙手段。

人们如果知道自己在做关于什么的梦，意识到自己沉醉其中的话，就会从梦中清醒过来。这样一来，即使做梦了，人们也会觉得没有意义。

189

语言可以创造概念，所以我们可以区分事物，创造出不仅只有自己，而且是所有人都能共享的概念。

在个体生存的过程中，语言不是必要的工具。让我们设想一下，人类在一起生活，语言从社会生活中诞生的同时又维系着社会生活。

并且，逻辑思维也无法脱离“语言”。因为语言能够创造概念，所以人们可以得到能共享的概念。对于美好的事物，所感受到的喜悦也好，友善也好，只有在明白了必须分享这些事物的时候，这些感觉才会成立。因为概念只产生于人类的社会生活中。

190

自卑情结和社会兴趣对一切人际关系都有影响。

1925年9月，《纽约时报》上写道：“阿德勒创立的‘新心理学’不仅风靡欧洲，还对美国的文化产生了深远的影响。”

但同时，《纽约时报》对阿德勒心理学是否适用于社会和政治问题提出了疑问。毋庸置疑，阿德勒表示其心理学对于上述两个方面是适用的，他认为自卑情结和社会兴趣对一切人际关系都有影响。

191

世界上，只有具备勇气之人才能占据上风，取得好的结果。

阿德勒告诉我们，“我们需要对腼腆的孩子多加关注”。如果不改正其腼腆的性格，那这样的性格就会打乱孩子的整个人生。他认为，只有改变性格、具备社会兴趣，人们才能过上有益的人生。

此外，他还认为像腼腆这样的特征可以称得上是“精神性态度（思考方式）”。这种精神性态度不是与生俱来的，也不具有遗传性，它只是对状况的一种反应，是可以改正的。

192

“心”和“身体”都是“生命”的表现形式。

自始至终，人们一直在讨论这个问题。到底是掌管思维、情感、记忆等的“心”支配着“身体”，还是“身体”支配着“心”呢？在阿德勒广受欢迎的 20 世纪上半叶，人们对这个问题展开了热烈讨论。

阿德勒认为，“心”和“身体”都是“生命”的表现形式。在这种想法的基础上，他着眼于“心”与“身体”的相互关系，努力寻找对“心”和“身体”的正确看法。

193

“心”与“身体”是不可分割的，它们形成一体共同合作。

阿德勒认为，“心”和“身体”都是“生命”的表现形式，“心”负责制定活动目标（目的地），主导着“身体”。“心”决定了行动方向，“身体”随之进行动作，无论缺少了哪一个都无法实现目标。所以，只有通过身心一体的合作，人类才能朝着目标展开行动。如此想来，“心”也可以理解成是“身体”的马达。

194

“比别人更优秀”这一目标，对于生存的用处时有时无。

“想要比别人更优秀（想要处于上位）”的这种想法能够激励我们不断努力。

只不过，当通往目标的道路被切断的时候，这种想法就会突然调转方向，驶向“对生活毫无用处的道路”。因为想要比其他人优秀，所以你总会在某一条路上取得成果。即使这条道路违背人道行为，但只要满足了自己的虚荣心就会获得满足感。所以，“比别人更优秀”这一目标，对于生存的用处时有时无。

195

合作能力差，是人生不如意者的共同特点。

孩子在四岁到五岁的时候就确定了自己内心的目标，构建起了身心的基本关系。随后，特定的生活方式就会固定下来。在这个过程中，“合作能力”就得到了发展。而每个孩子所具备的合作能力存在差异。但阿德勒意识到，那些生活不如意者的合作能力都很差。因此他认为，所谓的心理学，就是用来“思考无法合作的缘由”的学问。

196

自卑不是一种病。倒不如说，自卑是对健康、正常的努力及成长的一种刺激。

如前所述，每个人都会有自卑感，内心自卑是正常的。但仅一步之差，自卑就会使人产生病态。如果人们受到“自己无能为力”这样的情感打击的话，就会愈发自卑。

不过，将自卑感作为一种刺激，以此给人们带来有意义的活动，这种状态是没有问题的。只要在工作中纾解出“自己比别人更优秀”这种欲望，也就不会导致“想法错误”了。

197

为了得到认可而做出的努力有时会转变为对权力的陶醉，只要自己拥有力量的感觉受到些许侵犯，就会以暴怒加以回应。

“愤怒”清楚地表明了它的目的，即迅速用武力打击愤怒者所面临的一切阻碍。阿德勒曾说过，在愤怒的人中，有些人会使出浑身解数努力追求优秀。这是因为，当一个人为得到认可而做出的努力没有回报时，积攒下来的愤怒就会因此爆发。

接着，他会向他人发泄愤怒的情绪，随即成为支配者。因此，只有在处境艰难的情况下才会产生愤怒的人。

198

教师最重要的工作是避免孩子们在学校里被挫灭了勇气，并且照顾那些被挫灭勇气后进入学校的孩子，让他们重新找回信心。

阿德勒在其著作中多次强调，学校教育在帮助孩子增强情感方面具有至关重要的作用。

教师们认为，只有当他们与那些对未来充满希望和快乐的孩子们在一起时，教育才能发挥作用。此外，阿德勒还认为，在教育孩子的时候，大人们需要站在孩子们的角度去判断事物。所以他乐观地相信，只有心理上的进步才是改善社会的关键。

199

合适的教育，是一种无论是否有能力，都能让人成长的方法。

阿德勒说，人们不该过分强调基因带来的不足。他认为，即使基因的质量存在差异，但“必要的事情，谁都能做”，如何灵活运用基因才是关键。因此，阿德勒认为，适合的教育是一种无论是否有能力，都能让人成长的方法。

有时，人们可以通过勇气和训练补偿缺少的能力，并将这种能力提升为一种伟大的能力。若能对缺少的能力的自我认知处理得当的话，便能刺激那些想取得非凡业绩的人。

200

记忆中的事物总是最重要的。

阿德勒告诉我们："实际上，如果让一个人诉说自己童年的记忆的话，就能辨别他的一部分'原型'。这是因为每个人在回忆过去的时候，都会想起一些重要的事情。"

阿德勒在了解其患者的生活方式时，让患者讲述了他旧时的记忆。这是因为，一件作为旧时记忆的事情，对阿德勒称作"原型"的初期"生活方式"有着巨大的影响。

201

由“心”而生的错误，全部都是在决定行动方向时所产生的。

前面说过，“心”决定了目标，“身体”才会随之行动。但有时“心”也会弄错方向。实际上，我觉得内心所决定的“方向”也可能会导致悲惨的结果。“心”之所以选择这个方向，是因为误以为它有价值。“获得安全”是全体人类的共同目标。因此，如果人们对行动方向判断失误，在实际行动后就会迷失方向。

202

任何答案应该总是能够应对这样一个事实：我们拥有自身立场所带来的利与弊，同时又与这个贫乏的星球联系在一起。

我们要好好思考“做什么工作才能让自己生存下去，为人类的延续做出贡献”，找到一个有前瞻性的、合情合理的答案。就像在面对数学题的时候，你必须要以一种具有逻辑性且坚定的态度对待它。

但是，我们很难找到完美的，或是被证实是正确的答案。这也无可厚非，因为带着利弊去解决问题才是最重要的。

203

同情是对社会兴趣最纯粹的表现。

没有社会兴趣的人不会考虑他人，所以也不会对他人产生情感代入。但并不一定所有会同情、会情感代入的人都有社会兴趣。

“我的生活稳定，可你不是”，如此看来，同情是一种确认自己的优越的行为。它表现出了一种隐晦的关系，即与对方相比自己处于上位，处于安全范围之内。这种行为看似在对对方好言好语，其实只是在确认自己的优越罢了。

204

人生的意义需要每一个人亲自去创造。

现年 59 岁的阿德勒在曼哈顿中心地区的以马内利会堂举行了讲座，讲座主题包括“个体心理学的教育观”和“家庭生活”等。

在讲座中，阿德勒表示，“人生的意义需要每一个人亲自去创造，这对我们来说意味着现在和未来的人生要在合作中度过”。他指出，在这个世界上，只有合作才能获益。

205

大自然的运作和人类精神生活中的活动是有区别的。

如果掌握了一个人的目标，并且对社会也有一定的了解，那么我们就能明白那个人所表现出来的行为意味着什么。因为我们知道为了实现目标要准备什么，以及要采取什么样的行动。这就像石头在空中落下时的轨迹一样，是我们能够设想出来的。

但像石头落下这样的规律并不适用于精神层面，因为目标会发生改变。精神生活没有自然规律，它遵循的是人自己创造的规律。

206

文化是人们的“心”驱使“身体”开始“动作”的产物。

阿德勒说，我们把人类改善自身环境的产物称为“文化”。文化是人们的“心”驱使“身体”开始“动作”的产物。

我们之所以工作，是因为“心”给“身体”下达了工作的指令。我们的“身体”之所以能够成长,是因为有“心”的指示和帮助。归根结底，人们的任何行动都受到“心”的指示。

207

心灵之所以能够成长，是因为人的知性与社会息息相关。

这种“自己是有价值的”的感受会使人更加勇敢，看法也会变得乐观，还会使人坦然接受人类共同宿命的优缺点。

只有当一个人觉得自己对他人有用，克服了非个人的社会自卑感时，他才会在生活中感到放松，觉得自己的存在是有价值的。道德价值观也是基于社会兴趣而产生的。心灵之所以能够成长，是因为人的知性与社会息息相关。

208

人的精神反应并不是经过深思熟虑所产生的。

人有时会为了逃避巨大的困难而制定一个目标。换言之，人要么会在困难面前退缩，要么寻找逃避的机会，暂时回绝别人的要求。

由此可以看出，人类的精神反应并不是经过深思熟虑所产生的。反应只是暂时的答案，并非完全正确的答案。特别是不能用大人的标准来衡量孩子。对于孩子们而言，他们只能制定暂时的目标。

209

只有与困难对抗，才能够经历成长。

1928 年 2 月初，阿德勒在纽约举行了一场见面会。会上，阿德勒说："在人生的早期阶段，学会如何克服失望和挫折是至关重要的。这是社会上的成功人士一定要掌握的克服能力。只有与困难搏斗，才能够经历成长。"

他的这种想法在美国得到了广泛的认可，之后其出版的《认识人性》(*Menschenkenntnis*)也获得了很高的评价。

210

有关个人的优越性的目标，一定会以一种混乱的形式，放大人生中的某一个课题。

人们总是想要打破纪录，想要做别人不做的事。一个人想要以非常规形式获得社会声誉和事业成功的欲望，会在人生中无用的方面给予他巨大的满足感。因为这会让他有一种独自战胜世界的感觉。

根据阿德勒调查的统计数据显示，当今世界大约有 40% 的罪犯仍逍遥法外。对于那些不走正道的胆小鬼而言，戏弄警察是一种非常有吸引力的行为。

211

通常来说，哭泣是对他人的一种责难。

曾有一位女士对与丈夫的关系感到不安，于是她前来拜访阿德勒。这位女士原本与丈夫一同打拼事业，但为了照顾生病的父亲而辞职。在此之前，她对丈夫的所有行踪都了如指掌，而如今的她开始怀疑“丈夫是不是有什么事隐瞒了自己”。

如果丈夫不立马回答她想知道的一切，她便会号啕大哭。哭泣是对他人的一种责难，这位女士就是试图通过哭泣来控制她的丈夫。

212

如果说悲伤是一个人实现目标的必需品，那么这个人当然不会幸福。

那些为了实现目标而利用“悲伤”的人，只有自己处于悲惨境地的时候才能感受到幸福。我们可以通过在自己身上创造某种情绪和感情，驱赶自己世界中那些令人不快的、无法征服的东西。如此，我们才能获得幸福。

但是，感情会适时出现或者消失，其中包括所有情绪波动。这是因为在尝试控制感情的背后，我们有着不变的真正的性格。

213

懒惰是掩饰儿童缺乏自信的屏风，还会妨碍他们试图解决面临的挑战。

“你复习了吗？”“一点都没复习哦！”在学生时代，很多人都有过这种相互试探的经历。之所以会有这种行为，是因为他们清楚“宣扬懒惰”更有好处。如果一个人“没有学习”却取得了好成绩，他就会受到夸奖。即使他的成绩不理想，他也会认为“只要我好好学习，就能取得好成绩”。

然而，一旦养成了宣扬懒惰的毛病，我们就会陷入自卑情结，就会重复无益的举动。

214

比较孩子在成长过程中所做的一切职业选择是一件很有价值的事。

孩子们在成长过程中会有“想成为医生”“想成为警察”等愿望，而对这些职业进行比较是一种很有价值的事。我们不应该忽视孩子的一些非常奇妙且疯狂的选择，那些选择暗示了孩子们对现实情况所做的准备。有一位“想要成为一匹马”的少年，他天生心脏脆弱，却一直怀揣着能快步奔跑的梦想。所以，他准备克服由于心脏脆弱而必须保持平静的现实困难。后来，这位少年成了一名汽车工程师。

215

人的心理状态可以体现在很多东西上，最能清楚体现出来的莫过于人的记忆。

虽然人的心理状态可以体现在情感和行动等各种各样的事物中，但在此之中最能清楚体现出来的是记忆。

记忆是我们自身的一种提示，它提醒我们自己的极限，提醒我们曾处于一种什么样的环境之中。我们不可能把所获取到的所有的、不计其数的印象通通记在脑海里。因此，即便这些印象模糊不清，人们也会从多数印象中，仅仅选择出那些会对自身情况造成影响的印象加以记忆。

216

我们克服困难的前提是“身体”健康。

如前所述，我们的身体依照内心制定的目标展开行动，所有的行动都包含着内心的意愿。

但是，给内心造成过重负担的行为是不可取的，我们克服困难的前提是“身体”健康。为了让身体免受疾病、死亡、损伤、事故等伤害，我们要调节自己的内心。另外，我们拥有的感知快乐和痛苦的能力，以及意象能力对于保护身体健康也有帮助。

217

当一个人感受到自我价值时，勇气和乐观会随之而来，他也会坦然接受人类共同宿命的优缺点。

阿德勒说："我只有在认为自己有价值的时候才能鼓起勇气。而只有我认为我的行动对共同体有益的时候，我才会有这种想法。"也就是说，所谓的勇气，就是一种让人觉得"自己有能力、有价值"的感觉。

人生不如意之事十之八九，在工作、和朋友交往、与家人相处等方面，我们可能会屡屡受挫。在那种时候，我们要迎难而上，不要逃避，最重要的是相信自身的价值。

218

接近人类并占据经验中心的，主要是可见的世界。

在人类创造世界观时发挥作用的是“感觉器官”。其中,面向外界的“视觉”尤为有用。视觉与其他器官不同，它处理的是始终存在且长期不变的对象，因此，由视觉创造的世界观就显得尤为重要。

另外，耳朵、鼻子、舌头及绝大部分皮肤等感觉器官一般都依赖一时的刺激。感官的感知因人而异，有人以听觉为先，依赖耳朵对周围的世界进行倾听感知。

219

“行为举止”常常受到“动机”的左右。

从一个人的“行为举止”可以看出那个人拥有怎样的见解，会去倾听怎样的事情。更重要的是，通过“行为举止”，我们能知道一个人的身体器官是否受过训练，还能知道他在主动选择接收到的外界印象时调动了什么器官。因为一个人的行为举止常常受到个人“动机”的左右。

因此，阿德勒给出的定义是：“心理学就是理解人对于自己的‘身体’采取怎样的思考方式的学科。”

220

我们不知道人类的极限。

阿德勒在给底特律的一位老师做个体心理学演讲时宣讲道："我们并不知道人类的极限。"

这一宣言在报纸上得到了报道，阿德勒在随后的日程安排中，加入了在底特律教育学院的为期三周的演讲及在儿童咨询中心的展示活动。这些演讲的成功使阿德勒的名声有了更进一步的提升。

221

人在出生不久后，就开始在迷茫中摸索“人生的意义”了。

“人生的意义”如同守护天使一般，能帮助人们积累经验。因为人生的意义是有用的，所以我们应该预先了解人生的意义是如何形成的，人与人之间有什么不同之处，以及当出现重大错误时该如何纠正。

人在出生不久后，就开始在迷茫中摸索“人生的意义”了。即便是婴儿，也会努力预测自己的力量及自己在周围人中的地位。

222

让我们从成长的直道上转弯的不是“客观”经历，而是个人对事件的“态度”和“评价”，以及我们评价事物的“方式”。

阿德勒在其著作《认识人性》中乐观地认为，“我们可以在必要的时候意识到人生策略的错误，通过改正我们就能获得成长”。他认为，只要我们坚定意志且不懈努力，就能使人生策略发生改变。

此外，关于那些会对情绪造成伤害的生活压力、疾病，他还说过，比起那些经历本身，对事情的态度和评价才是造成伤害的元凶。

223

一个人越自卑，优越感就越强烈。

阿德勒在接受《纽约世界报》的采访时如是说："一个人越自卑，优越感就越强烈。世界和平之所以受到威胁，是因为人们那强烈的自卑感。"

所有问题的根源都是过度自卑。过度自卑往往不是一种客观事实，而是由主观臆想所造成的结果。既然是臆想，那么只要改变其意义和感知方式，无论何时自卑感都可以减少。

224

无论是国家还是人民，都无法忍受挫败的感觉。

在阿德勒施展才能的时期，墨索里尼在欧洲和地中海地区发动了武装战争。对此，阿德勒说："无论是国家还是人民，都无法忍受挫败的感觉。他们一定会为争夺权力而进行斗争。"

他认为，"人的行为模式可以从与朋友、工作、性爱的关系中进行研究。因为自卑感对这些关系产生了很大的影响。从墨索里尼的交友关系和工作中就可以看出这一点"。

225

孩子们在解释自己的立场时，必须要有承认自己犯错误的态度。

大多数孩子的问题行为都源于他们对控制的渴望。不愿意睡觉，不想吃东西，孩子的这些行为是为了向父母表明自己的意愿。除此之外，孩子觉得自己很脆弱，没有父母的控制性行为就无法度过人生，这种绝望感也是导致问题行为的原因之一。

父母在面对这样的问题时，不要太过严厉，最有效的办法是给予孩子体贴入微的理解。

226

那些靠天赋异禀成长起来的孩子，即使在完全正常的情况下也会感受到压抑。

在对已经偏离普通人生的孩子进行再教育时，一般的方法是行不通的。因为每个孩子需要修补的缺点各有不同，而且根据孩子所具备的勇气和社会兴趣的程度的不同，教育的内容也大不相同。所以，教育要因材施教。

那些靠天赋异禀成长起来的孩子，即使在完全正常的情况下也会感受到压抑，进而这些孩子就会采取悲观和敌对的态度。

227

一旦“生活方式”改变了，“记忆”也会随之改变。

人们的“记忆”不会与“生活方式”相矛盾。想要“比别人优秀”的人，需要以“周围的人总是让自己丢脸”作为比别人优秀的理由。因此，这个人会记住那些称得上是“丢脸”的事情。

这也就是说，记忆的内容与生活方式是相互关联的。所以，一旦生活方式发生了改变，记忆的内容也会有所变化。

228

归根结底，受到一致好评的工作和成功的工作都是以“合作”为基础的。

如前所述，“想要比别人优秀”的想法是人类创造事物的动力。这种想法也可以说是为我们的文化做贡献的一种动力。而有意义的人生，指的是我们要努力从下位走向上位，从负值走向正值，从失败走向胜利。

此外，受到一致好评的工作和成功的工作都是以“合作”为基础的。因此，我们应该寻求有助于合作的目标、行为和性格。

229

社会兴趣让人们能在世界上生存。

所谓的社会兴趣是指“助人为乐的心理”，也指“多奉献少索取的心理”。阿德勒把社会兴趣称为“社会全体幸福的指引之星”。他提倡我们在前路迷茫之时要以社会兴趣为目标。

有了社会兴趣，人生便可成功，反之则会失败，这就是阿德勒心理学的简单理念。人类在动物界中力量薄弱，只能通过合作、互助走上幸福之路。

230

如果一个人的注意力不集中，就很容易健忘，或者丢失一些重要的东西。

阿德勒说，懈怠是一种缺乏社会兴趣的表现。并且，如果一个人的注意力不集中，就容易健忘，丢东西。虽然人总是有一定程度的注意力和关注度，但注意力也会因为不适感而下降。

比如，很多孩子之所以会丢书，是因为不熟悉学校的环境。所以，是因为这种没有适应学校的不适感，才导致孩子们的注意力低下。

231

“一致性”根植于所有表现出来的症状（行动）。

阿德勒说：“我们必须找出那些没有流于表面的东西。”人们有时会改变选择具体目标的方式，有时也会改变使具体目标得以实现的其中一项工作。尽管如此，人的骨子里还是存在一致性的。

一致性是不会改变的，人们表现出来的所有行为，都扎根于一致性中。人们不可能只看某一个行为就能了解一个人的原型，但一个人的原型会表现在其所有的行为之中。

232

除非一个人已经具备了一种“忘记自我，投身于更广阔的社会的倾向（性质）”，否则“性本能”不会起到应有的作用。

阿德勒告诉我们：“人们常说，人类之间之所以具备‘性本能’，是为了走出自己的狭小躯壳，为了社会生活做准备。但从心理学的角度来说，如果我们仅仅依靠‘性本能’，那么对社会生活的准备也就只能完成一半左右。”

他认为，如果人们不以自我为中心思考，而是怀揣着社会兴趣，认为自己是社会的一部分，那么“性本能”就不能发挥应有的作用，爱的课题也就无法完成。

233

所谓的意志，正是一种使空虚感朝满足感转变的行为。

阿德勒认为，只要知道一个人所处的境况，就能够理解他想要做什么。所谓的意志，是一种使空虚感朝满足感转变的行为，而产生“想要做些什么向前迈进的想法”是因为我们隐约感受到这一行为的方向，进而举步向前。

所有的情感与想法，都是由空虚感和自卑感产生的。所以，为了弥补这一点，我们要努力达到一个充实的、完美的状态。

234

“目标”一旦改变，我们的思考习惯和态度（思维方式）也会发生改变。

强烈“希望比别人优秀”的人，把梯子靠在了教室黑板的边缘。看到这一幕的人可能都会觉得“这个人疯了”。但是，其本人是为了实现“要爬到比任何人都高的位置”这一愿望，进而利用梯子，站在了物理上的高处。如此，内心所决定的目标会主导其身体去执行。

这个人并没有选错方法，只是搞错目标罢了。

235

人们习惯性地批评、愤怒、嫉妒，是为了追求毫无用处的优越感。

职场中很容易发生审判、惩罚对方的行为，而这些行为必须马上停止。因为审判和惩罚对方并不是什么建设性的行为。我们要用有效的方式去追求优越，比如为了实现目标而努力、合作，而不是愤怒、嫉妒或者批评他人。

另外，试图用感情来打动对方是一种强硬和自私的方式。用理性的协商来解决问题才是成年人的方式。情感的碰撞只会满足人们的优越情结。

236

在虚荣心中，我们能看到那条向上的线。这条线表示，人们觉得自己并不完美，就会制定超越实际能力的大目标，并试图超越别人。

所谓“那条向上的线”，指的就是对优越感的追求。如前所述，阿德勒认为，人们会为了追求优越感而展开行动。人们渴望摆脱无能为力的处境，所以，想要比别人优秀是每一个人的身上都能看到的普遍愿望。

而所谓的自卑感就是觉得“自己不完美”。因此，人们对于优越感的追求并不是源于对自卑感的补偿，而是因为人们追求优越，才会感到自卑。

237

如果孩子要朝着自己不擅长的目标前进，那么自然而然，这个孩子会得到锻炼，从而获得实现目标的力量。

能把“劣势”转化为“优势”的，只是那些想要为周围的人做贡献，以及关心身外之事的孩子。而那些脑子里只想着自己，只希望自己能够走出困境的孩子是不会有长进的。

只有看到自己正在努力的“目标”，对目标的实现加以重视，并能克服前进道路上的困难的孩子，才能继续保持那份勇往直前的勇气。

238

“最久远的记忆”体现了一个人对人生的基本思维方式。

在人生的故事（记忆）中，要说能从哪一个部分最能了解一个人，那就是故事的开头，也就是那个人能想起的最久远的事情。所谓最久远的记忆，指的是第一次将思维方式以一种可以理解的方式具体化，其中体现了一个人对人生的基本思维方式。

有时候，一些人会认为自己“不知道哪段记忆最久远”，这也就表明了他们的“内心”。因为那个人不想告诉别人自己是一个怎样的人。

239

我们到四五岁左右，“心”便开始有了一致性，并开始建立“心”与“身体”的联系。

“心”负责制定目标，“身体”朝着目标做出行动，我们在四五岁的时候会建立这种联系。从那时起，人们便把遗传来的特质及周围人对自己的影响，调整得更利于实现“比别人优秀”这一目标。

在迎来五岁生日时，“个性”便会形成了。紧接着，孩子们就会决定人生要有怎样的意义，要追求怎样的目标。

240

金钱在我们的文明中具有很夸张的重要性。

孩子们会不断成长，当他们到了实际选择职业的时候，就会面对现实。对孩子来说，现实时而会与自己作对，时而又表现得很友好。而孩子们必须根据这一现实来制定今后的目标。

但或多或少，这种职业的选择是存在错误的，而造成这种错误的最大因素就是“金钱”。金钱在社会中具有非常夸张的重要性，从而促使人们做出违背社会兴趣的选择。

241

衡量个体标准的理想蓝图，只有在考虑对社会的价值和利益的情况下才会成立。

在人类性格中视为优点的要素，基本上满足了人类共生所需的条件。共生的需要造就了人类的精神器官。因此，信赖、诚实、坦率等优点，是由人类共同体这一普遍适用的原则所创造并维持的。

我们通常所说的“好性格”，只能从共同体的角度来判断。和学问、政治等方面的成就一样，人格也只有在对社会有价值时，才会被认为是高尚的。

242

想要得到结果，需要做好能够应对任何情况的准备。

为了实现“比别人优秀”的目标，即便是些微不足道的事情，也会有很多人去挑战、达成。不过，我们不要忘记，想要得到结果，需要做好能够应对任何情况的准备。

如果你在周围的世界中排除特定的情况和人，就只能用个人知识来证明自己。这是因为人常常需要与社会接触，保持共同感受。

243

个人的目标与现实越是一致，就越少做梦。

睡眠中所做的梦，本质上是用来自欺欺人的。梦隐喻着自己的任务、处境，是一种逃避的表现。不管是什么样的梦，都是用来支持现实世界的行动的。

因此，个人的目标与现实越是一致，就越少做梦。有勇之人做梦的概率就很低，因为他们在白天（现实中）已经处理了足够多的事情。

244

所有人一出生就在与自卑感做斗争，朝着看不见的目标前行。

《普罗维登斯》杂志摘录了阿德勒第一次去美国演讲时，在种植园俱乐部的讲话。他说："每个人都必须回答人生中的三个问题，这三个问题与工作、交友、爱情相关。"此外，他还说："所有人一出生就在与自卑感做斗争，朝着看不见的目标前行。"

由此看来，阿德勒把重点放在了实践上。他认为，生活课题的实践与人生的幸福息息相关。

245

你要站在孩子的立场上。

如前所述，阿德勒强调，“我们应该始终懂得平等看待自己与孩子的个性”。斥责是没有任何效果的。阿德勒认为，教师需要站在和孩子同等的立场上思考问题。

除此之外，只有“倾听”，才能有效地构建相互尊重、相互信赖的关系。配合对方的节奏，结合对方的兴趣来倾听，双方就能展开高质量的交流。

246

孩子会在无法预测的可能中不断努力。

阿德勒心理学的根源，在很大程度上反映了阿德勒作为其兄弟中的次子所成长的家庭环境，以及他与父母、兄弟的关系。阿德勒在幼年时期由于缺钙，患上了“佝偻病”（骨骼疾病）。在他五岁的时候曾有过一次悲惨的经历，他差点因为肺炎去世。

那些经历不足，并且没有社会兴趣的孩子会深切地感受到他们生活在无法自我预测的可能之中。

247

“重要的不是梦，而是存在于梦境深处的‘思考（想法）’”，这种思维方式可以说是一种极具价值的启示。

与阿德勒同时期成为深层心理学家的弗洛伊德，把梦境与性欲联系起来进行思考。他还说：“想死的这种无意识的愿望也会在梦中体现出来。”

阿德勒说：“弗洛伊德派的表达是隐喻的，即便是阅读《梦的解析》，也很难理解个性整体是如何在梦中出现的。”但是，他在弗洛伊德派的学说中也发现了不少有趣的启示，他对此表示赞赏，并撰写了《梦的解析》的书评。

248

如果我们想要生存下去，就需要“与我们共住一个星球上的其他人相互合作，延续自己和人类的生命”。这一现实既是最重要的事情，也是我们的目的和目标。与此同时，我们也需要调整好自己的心情（情感）。

感情有这些特点：“与身体、思考、行动密切相关”“相比于思考的‘理性路线’，感情起到的是‘非理性路线’的作用”“起到为行动提供燃料的作用”。因为思维与情感相关联，所以人们在被背叛时会怒火中烧。

因此，为了发挥“与周围人共同延续人类生命”的社会兴趣，在思考的同时，我们也需要调节情感。

249

没有“社会兴趣”，就等同于追求无益于生存的道路。

没有社会兴趣的人，有成为问题儿童和犯罪分子的危险。这是因为他们还没有创造出在有益于生存的道路上行动的方法，以及对人生和社会有益的思维方式的“原型”。没有社会兴趣，就不会形成有用的生活方式。

阿德勒指出，个体心理学咨询师的工作是让没有社会兴趣的人对周围事物产生兴趣，帮助他们回到对其生活有益的道路上来。实际上，阿德勒心理学也可以理解为“社会心理学”。

250

只有活着的人才会犯如此多的错误。

阿德勒于 1930 年 1 月 13 日在底特律进行的一次演讲中，向老师们讲述了个体心理学的总体观点。他强调，老师们应该全力帮助孩子培养社会兴趣。“虽说并没有什么道理能够解释孩子们的行为，但仅仅将其归结于遗传的影响未免过于草率了。”

随后，他幽默地说：“只有活着的人才会犯如此多的错误。”

251

懈怠表现出一个人完全没有注意力的样子。

阿德勒认为，懈怠这个词适用于没有充分考虑人的安全和健康，因而处于危险之中的情况。懈怠表现出一个人完全没有注意力的样子。而注意力的缺失是源于对周围人的漠不关心。

当你看到一个正在玩耍的孩子时，你就会知道那个孩子是只为自己着想，还是会充分考虑他人的人，因为关心会体现在一个人的行动上。懈怠就是一种缺乏社会兴趣的状态。

252

我们之所以会对生活产生兴趣，是因为它的不确定性。

虽然我们会想尽办法来完成生活任务，但并不会对所取得的成果感到满意和放心。不管处于什么情况，我们都会为更高的追求而不断努力。

可我们无法实现人类的最高目标，因为理想总是位于高处。但人生中总会有意想不到的机遇和乐趣，这不会让我们失去对人生的兴趣。换言之，人生的不确定性会激发我们的兴趣。

253

宿命论是人们试图沿着有益路线行动的懦弱的逃避。

许多认为自己应该得到救赎的人都相信自己是无所不能的。往往是那些遭遇了严重打击却安然无事的人，才会抱有这样的想法。在一次重大事故中幸免于难的经历会让你觉得“自己注定要追求崇高的目标”。

但是，这样的想法可能会成为目标制定错误的原因。因为人们会把自己的心灵支柱当作自己的“命运”。

254

所谓的“困境”，无一例外都是“初次出现的情况”。

有些人在人际关系中感到自卑。当他们工作时，他周围的人可能不会注意到他的自卑感。这是因为，他对自己的工作很有信心。做自己擅长的事情（此处为工作）的时候，人们通常不太会表现出自卑感。

而当人们处于紧张或艰难的状况时，才会注意到“原型”的缺陷。那种情况下会清楚展现出一个人的“原型”及其社会兴趣的有无。

255

那些只考虑“自己在人生中究竟能得到什么”的人，根本不会留下生存过的痕迹。这不止是因为他们的去世，更是因为其整个人生都是毫无意义的。

阿德勒告诉我们：“对于那些把合作排除在人生意义之外的人，他们的最终审判必定会是这样的：‘你没有用处，没有人会需要你，现在，赶紧走吧！’。”

只为自己着想的人是不会被世界所需要的。只要去探寻一下人类从祖先那里继承的东西就会明白这一点。为了人类的幸福而不是个人的幸福创造出来的东西会留存后世，使人类的幸福得到进一步的发展。

256

他们发现了正确的做法，并通过不断的训练，将“劣势”转变成了“优势”（强项）。

在阿德勒的思想盛行的时代，有一些左撇子的孩子进行了使用右手的训练，最终他们的右手达到了能熟练操作的水平。比起天生惯用右手的孩子，他们的字写得更加漂亮，还很擅长绘画，工作也得心应手。

把自卑感当成契机！如果能用这样合适的方式来控制自卑感，我们就能把自身的劣势转化为优势。

257

梦是清醒时想要做的、计划做的事，是一场投入情感的彩排。

梦中的“彩排”，其实并不意味着会实际发生。从某种意义上说，“梦是假的”，在梦中，我们即便不采取行动，通过充满情感的想象，也能体会到行动时的乐趣。

此外，这些梦的特征也体现在我们清醒的时候。人善于伪装自己的情感，当我们想要按照小时候形成的“原型”（雏形）行动时，就会做这样的“梦”。

258

社会制度为个人而存在，而不是个人为社会制度而存在。

传说中的强盗普洛克路斯忒斯让被他捉住的旅行者躺在自己的床上，如果旅行者的身高比床短，就强行拉长其身体，反之，如果其身高比床长，就砍掉多出的部分。个人的救赎在于拥有社会兴趣，而不同于普洛克路斯忒斯，不会强迫人躺在社会这张床上。

我们应该避免将某个“现实”视作例外，让例外（被视为例外的事件）符合自己的思维方式。

259

一个人只有懂得了“人生的意义”在于“贡献”，才能勇敢地面对困难，并有可能战胜这些困难。

要想成为某个群体中“做出贡献”的人，人们自然会把自己调整到最适合做出贡献的状态。

为此，人们会培养社会兴趣，会努力练习在团体中所需的技能。随着目标的确定，人们会开始积累实现目标的经验，只有这样，人们才能开始掌握解决人生“三大课题”的能力和提高自身能力的方法。

260

行为中真正重要的差异不在于个人的智慧，而在于有用与否。

人类与自然相比始终是微不足道的存在，因此，人类不断试图与自然对抗。进一步讲，世界上大多数人都会使用策略来使自己处于优势地位。

此时，人类真正的价值不在于智慧、优秀，而在于对现在的人类及将来的人类是否有用。因为人生的意义就在于“贡献”。

261

人类与外界的接触，可以根据独特性的要求而改变。

即使有人说“亲眼所见”也不一定就是客观事实。比如，两个人看同一幅画，如果问他们看后的感想，我们会得到不同的答案。

人们并不是都能自主认识和处理所看到的、所受到的外界的刺激。人类的感知并不像照相机一样能够捕捉事物，其中一定会涉及人的自主性观点。如果你知道自己在感知什么，知道事物的解决方法和状况，你就能深入地了解自己和他人的内心世界。

262

一个人“身体”上的表现，是“心”和“身体”共同作用的结果。

咬铅笔、敲手指、脸红……从这些举动中就可以看出一个人正在面临危机。情绪的波动会随着非自主神经系统传递到整个身体，所以，人一旦紧张，整个身体就会处于紧张状态。

“心”与“身体”的相互作用，不仅仅是一方作用的问题，两者都需要多加注意。双方都是生命的一部分，不可小觑。

263

人们所处的环境一旦发生改变，心理也会发生变化。

在理想情况下，一个人的性格和信念（生活方式）很少会暴露出来。而在不太理想的状况（困难的状况）下，这个人的性格和信念才会如实地表现出来。

若想了解身边之人的性格，只有当他陷入困难境地，才是最佳时机。

264

画一条线的时候，如果没有看到目标，就不可能画到最后。

人们的行动都是由目标所决定的。如果只是“想要比别人优秀”的话，该做些什么、该如何做的目标就会动摇，如此一来可以说很难前进。

在人生当中，如果不决定要去的地方，即不确定目标，就无法在道路上前行。只有当我们决定了一个目标，着眼于目标并画出一条通往那里的线，才能在生活中向前迈进。

265

胆小的人会看到工作的每一个阴暗面，并扭曲逻辑，直到他不能从事此工作为止。

例如，一个勇气受挫之人发现自己根本不适合从事应当从事的工作，于是就会说“因为某个理由，我不能从事那样的工作”，但实际上的因果关系却恰恰相反。

也就是说，事实上是此人事先有了“不想从事那个工作”的情绪，为了将这种情绪正当化，他才会找出负面条件，歪曲逻辑。这就是一个勇气受挫之人所特有的自卑情结。

266

过度紧张，是一个人拥有严重自卑感的信号。

曾有个年轻人去拜访阿德勒，他向阿德勒提出了人际交往问题，此外，还有工作方面的问题。他十分害羞，因此不能与其他人进行良好的沟通，总是害怕工作失败，畏于前进。这是因为他总是过度紧张。

而过度紧张，是一个人拥有严重自卑感的信号。他轻视自己，把周围人看作自己的敌人，因此他才会陷入举步维艰的境地。

267

在因不公平的对待而导致的消极世界观（势力范围）中，悲观主义者的目光总是盯着生活中的阴影，所以很容易会灰心丧气。

人在童年时代很容易产生自卑感。这种自卑感会让一些人认为“人生总是困难重重”，这样的人就是悲观主义者。

但并不是所有自卑者都会成为悲观主义者。有些人即使有同样的经历，他们也会勇敢面对，相反，回避困难，想办法逃避就是“悲观”。感叹“活着太辛苦了”的人，只是在逃避完成生活的任务罢了。

268

我们可以通过发现童年时期人生规划上的错误，在必要的时候加以改变来获得成长。

阿德勒的著作《认识人性》中处处体现了他乐观的想法："我们可以通过发现童年时期人生规划上的错误，在必要的时候加以改变来获得成长。"

例如，一位科学家在20多岁就取得了成功，他一心钻研，几乎不进行人际交往。可当他取得社会成功的时候，他才发现自己是一个无助且孤独的人。阿德勒认为，在面对交友的课题和爱的课题时，人们会发觉自己人生规划上的错误，而只要坚持不懈地努力改正，就能改变生活方式。

269

要让孩子们发挥自己的能力去克服困难，就需要建立一个目标，这个目标是自身之外的“目标”，也就是基于对现实、周围的人及合作的关心而形成的目标。

孩子自身的意志有助于他们运用自己的能力克服困难。有些孩子“想要为身边的人做贡献”,有这样想法的孩子会获得成长。反之,“只想解决自身困难”的孩子则不会成长。

此外，有些孩子能看到正在为之努力的“目标”，且对于目标的实现足够重视，只有这样的孩子才能继续保持前进的勇气。所以，孩子的关注点和前进的方向是很重要的。

270

在梦中，我们会自欺欺人。

可以说，所有的梦境都像是一种“自我陶醉”“自我催眠”。做梦就是为了激起一种“情绪”，让人可以做好面对问题的准备。在梦中，我们处于“心灵”的操作间，为白天想要运用的“情感”做着准备。

如果这样的想法是正确的，那么无论是在做梦的时候，抑或是在梦中所采取的方法，都可以认为是在欺骗自己。也就是说，做梦就是为了自欺欺人。

271

社会兴趣是人们固有的，并且与人类的身份相关联。

阿德勒告诉我们：“人类本能地希望满足冲动，而文化与文明却在与冲动进行对抗。弗洛伊德的学说正是以这样的事实为前提展开的。”

阿德勒心理学提出，由于生理上的不足及内心的自卑，个人的发展要依赖于社会。人生不是通过满足冲动而实现的，而是通过良好的人际关系来实现的。这是因为社会兴趣与人类的认同感联系在了一起。

272

如果有一种统一、有效的观点，可以帮助我们解决所有的困难，那就是培养社会兴趣。

培养社会兴趣大概率能解决所有的困难。但是，由于社会兴趣的不充分，克服困难的道路可能会十分艰险。

所有的困难都是因为社会兴趣的缺失产生的，而克服困难之路的指示标又恰好是社会兴趣。阿德勒把社会兴趣比作北极星，当人们在航海途中迷失了方向，北极星总能指引人们前进的方向，这就是社会兴趣的作用。

273

在流传至今的传统、哲学、科学、艺术及应对方法中，我们可以发现祖先“从经验中学到的东西”。

请大家环顾四周，寻找一下祖先留下来的遗产。首先，我们可能会找到耕作的土地。其次，铁路还有大楼也囊括其中。从古至今存续的每一件东西，都是祖先对人类生活所做出的贡献。

世界上有一种趋势，那就是把对人类福祉的贡献传给子孙后代。我们生存于这样一个巨大的体系之中，所以为了人类的生存，我们会继承经验且使之发展。

274

“心”负责制定行动的目标（目的地）。

“心”的核心原则是预测行动。我们的“身体”并不是每次都在做我们想到的动作，我们的身体在按照“心”所决定的方向运动。

因此，我们在努力做些什么的过程中，决定“心”的方针时，目标（目的地）就成了一个重要的判断标准。“身体”能朝着支配生命的“心”所决定的方向行动，也就能朝着目标不断“努力”。

交友的课题

275

从人们应对这三大课题的方法中可以一窥他对人生的意义（我们为什么而活）的看法。

我们每一天都是在直面并解决人生的课题中度过的，而每个人应对这些课题的方法并非千篇一律。

例如，有的人习惯独善其身，在不给周围的人添麻烦的前提下独自克服；有的人借助大家的力量，将自己的负担转嫁给他人；相反，也有的人会与周围人互帮互助，在履行自己职责的同时应对课题。从这些不同的应对方式中可以窥见一个人对于人生的意义的看法。

276

我们活在“意义”（meaning）的世界里。

每个人都是无意识地带着某种人生目的生活的。有些人的目的是在社会上取得成功，有些人的目的则是与他人和谐相处。

人们所经历的世界也和这一目的相吻合。对于那些追求社会成功的人来说，树木可能是他们砍伐和出售后用以赚钱的物品。但对于那些以和谐为目的的人来说，树木的意义可能在于他们与同伴交谈时能享受的那一片遮蔽烈日的树荫。我们就是要去体验不同的生活意义。

277

一个人的“情感”会像他的“生活方式”一样根深蒂固地存在于这个人的身上。

阿德勒心理学中的“生活方式”一词，并非单纯地指“日常生活的活动方式”。它更倾向于指一个人固有的自我认知和世界观，以及“这种时候该这么做”的行为模式的集合。这种行为模式更像是一种生存公式。生存公式的不同也会导致个人的行为、态度、情感和与周围环境之间的联系发生变化。人类的情感也会同“生活方式”一样逐渐模式化。举例来讲，懦夫总是软弱，即使这个人在对待比自己弱小的人时十分傲慢，他软弱这一点也是不会改变的。

278

人生的问题基本上都是“人际交往”（人际关系）的问题。

阿德勒认为，行为的目的存在于社会和人际关系当中。人的行为都有其相应的动作对象，他会从动作对象的行动中受到影响，产生感情，并对其做出反应。而在这一行为中作为主体的人，同样也会成为其他人行为的对象。

行为在人际关系中产生并相互影响。由此可见，人生中产生的问题基本上就是人际交往的问题。阿德勒心理学将这种观点称为“人际关系论”。

279

“意义”只在与他人的沟通交流中才起作用。

只对一个人而言有意义的话语，是完全没有意义的。人是一种社会性动物，无法脱离家人、朋友和职场等社群而存在。在与周围的人共同生活的过程中，只对自己有价值的话语是没有意义的。基于这种意义定下的目标和做出的行动，对其他人来说也是没有意义的。

每个人都想努力成为有价值的人。而人生的意义，恰恰在于为他人做贡献。如果你没有意识到这一点，那便走上了歧途。

280

人们总是乐于证明“自己比别人更优秀”（处于上位）。

阿德勒提出了“追求优越性”一词。优越性表现为“想成为比当下更好的存在”，是一种十分普遍的欲望。如果能将这种想法升华为提升自己的目标，而非转换为自卑情结的话，它就会成为一个人成长的契机。

这一过程中最重要的是，不要追求自己独有的优越。阿德勒认为，追求优越的方式关系着个人与社会的幸福。在共同体感觉的构建过程中，个人不能仅仅考虑自己的优越，而是要以整体的视角，同时追求家人、朋友和同事等的优越。

281

在人生中前行，是以与他人的互相推动助力为前提的。

在生活中，人与人的交往是不可避免的。而且这种人与人之间相互影响的关系，尤其体现在老师与学生、父母与孩子和男女两性之间。

在这种人际关系中，把握好与人的距离感很重要。压迫感过强、好管闲事会让人感觉距离太近；过于放任和回避也会导致和周围人渐行渐远。只有在交流中保持适当的距离，才能实现人际交往的良性互动。

282

当朋友犯了错误时，你应该笑笑，温柔地让朋友意识到他的错误。不要操之过急，也不要火冒三丈。

你可能也有过这样的经历：在教育孩子或培养下属时用力过猛，批评得有些过分了。阿德勒说："训斥完孩子后，即使再提出合作，也会遭到孩子的拒绝。"教育需要的不是责备，而是提出合作。

"怎样做才不会出错呢？"我们应当同他们一起，好好讨论这个问题。阿德勒心理学认为，教育中不需要训斥。只有协商解决问题才是有效的。

283

使用“比喻”，是为了自欺欺人。

梦会通过催生情感来自欺欺人。而喜欢使用“比喻”和“隐喻”也是自欺欺人的表现。

如果有个人在对话中使用了比喻，那么这说明他其实没有自信说服对方接受现实或是他的理论。可以说，他想用没有意义的、牵强附会的比喻来影响对方。不能清晰地解释事情的人，在发现自己无法说服对方的时候，也容易使用比喻。

284

人的身体结构上的“姿态”，体现了我们“人生的姿态”，这构成了我所说的“生活方式”。

挺直腰板的人和驼背的人，给人的印象大不相同。当我们看到驼背的人时，会认为他可能有自卑情结。如果有人昂首挺胸，夸张地表现自己，那么他实际上可能没有看上去的那么自信。

通过观察一个人的举止和姿态，可以窥探到他的个性。我们一定会对他的站相、走姿，还有表现自己的方式等产生共鸣或厌恶感。

285

愤怒是愤怒之人感到自己无能（至少暂时是）的象征。

“这个应该是……”“必须要……”等，一个人的愤怒来自他固有的思维和信念。正是“我是对的，那个人是错的”这种纵向的思维方式催生了愤怒。

另外，你有时可能明知生气也没办法解决问题，却还是会生气。这与自卑有很大关系。常常抱着“想支配下属”“想掌握主导权”“想守住自己的权利”等想要维护自己、想要占据优势的想法，同样会使人大动肝火。

286

嫉妒，尽管有时会激励你做出有益的行为，但它在更多时候是自卑的普遍表现。

嫉妒是一种使人和人相分离的感情。阿德勒曾说：嫉妒常被用来贬低或指责他人。它是一种用来贬低他人的价值，指责、非议、拘束或排斥他人的感情。它在双重意义上满足了自己的自卑感，可以说是一种很强的感情。然而，嫉妒会使人和人相分离，它的副作用也很大。我们应当避免产生嫉妒的情感，正面面对自己的人生课题。

287

人类所开展的合作，比起其他动物的任何形式的合作，都更加多样且密切。

有的动物会在集体合作的过程中弥补自身的弱点，人类就是其中的一种。

幼儿时期的人类，更是需要照顾和长时间的保护，是特别脆弱的存在。人类受生活环境的影响很大，想要生存下去，就必须开展合作。而且，正因为人不开展合作就无法生存，一些不习惯合作的孩子会产生悲观的看法。也就是我们常说的：认为自己不擅长合作的人，常常具有“自卑情结”。

288

每个人都是始终如一的，对待人生问题的反应方式也是始终如一的。

怯懦的人总是驼着背，也总是想找点什么东西来依靠。这是因为他们无法相信自己的力量，总期盼着别人的援助和支持。

另外，不近人情或离群索居的人不仅在社交方面如此，在其他方面应该也与周围的人十分疏远。通常他们也多是沉默寡言的。每个人的行为举止都指向一个方向，这一点是一以贯之的。

289

我们每个人都不太了解人类到底是怎么一回事。

阿德勒说，我们在试图了解人类的天性时，不能妄自尊大、骄傲自负。在阿德勒出现之前，人们对人性的理解并非一门系统性的学科，只不过是一些对人类思维方式的断断续续的讨论。

这与人类过着孤立的生活有关。阿德勒认为，想要了解人类，研究“与他人的关系”是不可或缺的。然而，由于“家庭”这一人类生活的基本形式是孤立的，因此我们很难去加深对人类的理解。

290

始终与社会相连的愿望催生出了独立的生活方式、思维方式及行为技术。

有一种培养共同体感觉的方法叫作“鼓起勇气”。这里所说的勇气，指的是克服人际关系方面困难的能力。为了与他人开展合作并达成目的，人们需要的既不是表扬也不是鼓励，而是“允许对方借助自己的力量”“与同伴互相帮助”“激发起克服困难的活力”。这种方法便是“鼓起勇气”。

它并非多管闲事或过度干涉，而是发自内心地相信自己和他人身上的潜力与活力。这是很重要的。

291

在“人际关系”与“助人之道”上遭遇不顺，是因为没有“勇气”。

阿德勒说：“问题儿童、罪犯等人正是因为勇气遭到了挫败，才导致了他们对共同体感觉的缺乏。”勇气受挫是一切问题的根源。

只要能鼓起勇气，你就能解决所有问题。只要能给自己和周围的人以勇气，你就能在自己与他人相处的过程中构建好共同体意识，让人生更加丰富多彩。

292

生活的意义很大一部分在于合作，这可以从生活中的每一点得到验证。

阿德勒曾言：“不与他人合作、自私地生活着的人，是不会为生活做好准备的……这样的人会时常焦虑，性情急躁。”他认为，那些只能以自我为中心来看待事物的人，往往具有悲观主义倾向。

只有拥有真正的共同体感觉，才更容易达成生活的课题。然而，追求及时行乐的人却意识不到其中的重要性。只有积极开展合作，才更容易渡过人生中遭遇的难关。

293

只有对他人产生归属感的人，才能安心地度过人生。

阿德勒认为，“快乐”这种感情是连接人与人之间的桥梁。只有认同人与人之间互相连接的人，其喜悦才会以“笑”的形式表现出来。这种感情也会进一步加深他们与他人的联系。拒绝与他人分享快乐，是不信任他人的体现。

另外，主动选择孤独的人会有自卑情结。他们担心在人际交往中受到伤害。这种担忧不断积累，最终导致他们性格孤僻。

294

子女中最小的孩子定目标时总喜欢避免与其他兄弟姐妹相同。

阿德勒说，家庭中最小的孩子会选择与家庭中其他孩子完全不同的成长道路。举例来说，如果家里人都是科学家，那么他可能会考虑成为音乐家或商人；如果家里人都是商人，那么他可能会考虑成为诗人。这是因为，孩子会认为“与其和家人在同一个领域竞争，在别的领域工作会更轻松”。但这显然是有些缺乏勇气的象征。如果这个孩子有勇气，他就应该会和家人选择同一条道路，在同一领域奋斗。

295

“培养自信心”是消除自卑感的唯一方法。

自相矛盾的言行和犹豫不决的性格，是人抱有很大自卑感的信号。在这个世界上，瞻前顾后、进退无常的人有很多。具有这种行为方式的人是存在问题的。

我们需要教导这些人，使其从犹豫不决中摆脱出来。正确的处理方法是“给予勇气”。不能让他们情绪低落，而是让他们明白，要用自己的力量去面对并解决问题。

296

我们的所有能力，都旨在为“人际交往”服务，甚至是为人类服务。

我们从生下来就在家庭中长大，后来进入学校、职场，无论在哪里都不能脱离其他人而生活。人际交往是生存的基础。

然而，近年来诞生了“社会不适应者”一词，它指的是不能适应社会的要求，很难保持协调性的人。这表明不擅长与他人交往的人正在增多。阿德勒认为，人格的“原型”是在家庭中形成的，而“人际交往的能力”是在学校中养成的。上学的目的就在于助力人格的形成。

297

毫无疑问，集体生活对克服无力感和自卑感有很大帮助。

有时，我们会遇到困难、濒临崩溃，而却不得不一个人面对。也正因如此，人类更倾向于建立群体，成为群体的一员，而不是作为孤立的个体去生活。

每个人都有感觉“自己无能为力”的时候。但正是因为自卑，我们才需要在集体生活中借助大家的力量，齐心协力，满足每个人的需求。

298

只有在知道一个人更多地用哪个器官来面对生活时，我们才能真正了解这个人。

通过身体器官来感知世界，为我们与世界的联系增添了意义，同时也影响着我们的世界观的形成和孩子的成长。

经验，主要来自于人目之所及的世界，但积累经验的方式被划分为听觉型、运动型和嗅觉型。他们分别针对靠耳朵听的人、擅长运动的人，以及嗅觉、味觉很敏锐的人。运动型儿童活泼好动，即便是长大后也会保持这种特性。知道了一个人擅用的身体器官，我们便可洞悉他的行为类型。

299

事实上，个人救赎在于拥有共同体意识，但这并不意味着强迫人们都躺在所谓的社会这张床上。

有一种“原理主义者”，他们一旦脱离规则及原理的指导就无法继续前进。的确，如果是事先制定好规则，确立好原理的话，只要不脱离既定轨道，就可以安心地向前迈进。然而，没有越轨的人生是不存在的。

原理主义者是缺乏共同体意识的一类人。即便是存在对人类有益的方法，只要违背了他们的规则，就不会被采纳，所以他们会在成为有益的人这条道路上渐行渐远。

300

唯有自由能造就伟人，而胁迫则会杀人于无形，使人扭曲。

“精神生活”的目的是让我们展望未来，积累经验，创造记忆，从而帮助我们真正地在人生中前行。假设有人被禁止活动的话，会怎么样呢？那个人的精神生活应该也就戛然而止了。自由促进了精神生活的发展，也给人们带来判断力和责任。在自由的环境中，通过体会由自我决定带来的失败的痛苦与责任，会形成从经验中学习的态度。

301

一个人的所有行为，都体现着他对周围世界的看法及对自己的看法，体现着对“自己就是这样的人，这个世界原来是这么一回事”的判断，以及他对自己和人生所赋予的意义。

一个人的“行为”会流露出其独有的“意义”。比如，我们会发现不爱在人前露面的比较腼腆的人会觉得自己没有能力，认为所有人都会攻击自己，认为社会是个可怕的地方。

一个人的所有行为、态度、情感，一定会表现出他独特的生活方式。了解一个人，不是看他表面的行为和情感，而是从中解读出潜藏在其背后的生活方式。

302

“出类拔萃”（让自己身居高位）这一目标因人而异，它对于每个人来说都是独一无二的。

一个人的目标是由他的“人生意义”（为了什么而活）决定的。而这个目标是从一个人的生活方式中派生出来的，所以目标也因人而异。

“出类拔萃”这一目标是根据个人创造性而设定的，极具多样性。个人不仅有想要出人头地、提升能力这样容易理解的目标，还包括使用暴力等不具建设性的目标。毫无疑问，目标就是独一无二的。

303

有合作精神的人，通常都是勇敢乐观的人。

大多数人都惧怕危险。人类原本是缺乏勇气的。但是，有合作精神的人却充满了勇气。这是因为为了实现与他人合作，心态乐观，不过分惧怕危险是必不可少的条件。

除此之外，合作还需要面对一定的挑战。这些挑战，不仅仅是要完成任务，还包括处理好人际关系。所以，拥有勇气是合作的一个必要条件。

304

成功处理生活中的问题，就像潜意识中知道生活的意义在于关心“他人”和“合作”。

在家庭、职场等各种各样的群体中培养共同体感觉，能使我们更容易感受到与同伴之间的羁绊。

然而，在实际生活中，拥有共同体感觉并不是一件易事。于是，阿德勒告诉我们：“我们的目标应该是进步而不是完美。”他说，一步一步提升自己，有所成长才是最重要的。秉持着这种态度的人，在面对困难的时候，会努力以有利于人类福祉的方法来克服困难。

305

只知道自己从何而来的人，绝不会明白何种行为会塑造人的性格特点。但是，如果知道要去往何方，就可以预判前进的方向，以及为实现目标要采取怎样的行动。

阿德勒提出了“目的论”，即人不是被过去的原因所驱动的，而是被未来的目标所牵引而行动的。这与弗洛伊德的“原因论”的主张截然相反。弗洛伊德认为人的行为中一定蕴藏着原因。

然而只看原因是无法推测人的行为的。只有了解对方的目的、行进的方向，才能预测其行动，从而才有可能采取应对的措施。

306

不要评判人的（道德）价值。

为了不让孩子成为错误成长的牺牲品，就要避免用道德价值来评判他们。

仔细观察孩子们的精神成长，我们不仅能从中窥见他们的过去，还能读懂其一部分的未来。而且活用已掌握的知识来推动孩子内心世界的成长和教育的发展是很重要的。

307

被称作“天才”的人，也只不过是“极其有用的人”。

我们称呼某个人是“天才”，仅限于其他人都承认他的人生是有价值的情况。也就是说，人生价值是通过对整个世界的贡献而得到提升的。

“天才”这个词很容易让人误解，人们认为天才的独特能力及其价值观绝对是有价值的。也就是说，即便他们表现得随心所欲也毫无问题。但事实并非如此，“天才”只有在对社会做出贡献后，才会被认可为“天才”。

308

“对他人的关心”（共同体感觉）和“与他人合作”是拯救每个人的良药。

每个人都背负着这样一种情感，即觉得自己“比别人差”，其实这可以通过顺应社会（周围的人）来弥补。人之所以生活在社会之中，是因为人弱小。

处于社会生活中的关键是，要与周围的人建立良好的人际关系，保持一颗宽容的心来培养共同体感觉。在此之中，首先，我们要意识到人际关系背后隐藏的“善恶判断”，这一点至关重要。其次，我们应注意不要以好坏来评判他人的价值观和生存方式。

309

没有比毫不顾忌地彰显从对方精神中获得的认知更令人厌恶和值得批判的了。

例如，在聚餐时，你想要彰显自己多么了解邻座人的内心世界，并试图去解读他。这只会招致恶评。同样，我们还应谨防试图将人类本性的知识套用到他人身上的行为。想要了解人类，就需要我们保持谨慎的态度。

310

人生中的每一个征兆都会通过某个行为、某种发展而表现出来。

如果一个人采取了“自相矛盾的行为”，那便可以被认为是自卑的表现。如果看到这样的行为，就要仔细观察那个人的行为举止——与人接触的方式。当那个人想要与谁接近搭话时，步伐可能会变得尴尬、不自然。

像这样步履表现出犹豫的人，在生活中的其他场合也会表现出犹豫。我们必须先进行观察，而不是一味地嗔怪其自相矛盾的行为。

311

“自卑”的表现方式因人而异。

有三个小孩第一次去动物园游玩，他们纷纷站在狮子面前，其中一个孩子缩着身子对妈妈说：“我们快回家吧。”另一个孩子一边颤抖着身子，一边说：“一点也不可怕呀。”第三个孩子瞪着狮子说：“我能向这家伙吐口水吗？”。三个孩子的表达虽各不相同，但他们心里都认为“我比不过狮子”。每个人自卑的表达方式都不尽相同。

312

人多的地方就会产生规则。

要想知道一个人的身上发生了什么，就必须观察他对周围环境的态度。因为，人的精神生活并不是随心所欲的，而是要经常面对环境所设定的各种挑战。

其中之一就是集体规则。我们必须把这个规则设想成绝对真理，并在克服错误的过程中逐步靠近这一真理。

313

有人在的地方就一定有社会。

地球上的人类并非只有你一个。我们周围有各种各样的人，生活中必须和他们打交道。

如果想要不借助任何人的力量，孑然一身地生活，并试图独自应对所有问题，那么你将无法生存下去。我们无时无刻不是和“其他人”联系在一起的，因为个人是弱小的，生存能力是不充分的，是有局限性的。与他人建立关系，是迈向自身幸福乃至人类幸福的一大步。

314

想要改变一个人，需要谨慎和耐心，最重要的是要把个人的虚荣心抛之脑后。

人是不会有太大变化的。即使看起来发生了变化，只要其精神状态没有丝毫改变，那么变化也只不过是表象的。在改变一个人的过程中，我们必须要用他喜欢的方式。比如，我们没有为对方准备他一直很爱吃的菜，那么他不吃也是理所当然的。

对方的存在并不是为了满足自己的虚荣心。想要改变对方，我们就必须要了解他的期望。

315

对某件事深恶痛绝的人，会选择那些能将自己的厌恶充分合理化的经历，作为其讨厌的理由。

这是一个女孩儿的小故事。“我和弟弟一起去拍照的时候，被区别对待了。自那之后，拍集体照让我笑一笑时，我都不会再露出笑脸。”小女孩之所以如此具有攻击性，是因为她认为“自己没有被好好对待”。所以，直到现在她依然讨厌拍照。

人们会利用一次经历留下来的印象来为自己之后的一系列行为辩护。人们会从这一次经历的印象中得出结论，并把它当作事实贯彻到了以后的行动之中。

316

要想知道一个人身上发生了什么，就必须要观察他对周遭的态度。

人与人之间的关系如同命运一般，在不断被赋予变化的同时，也有可以计划性地构建的一面。

计划性关系存在于构成社会的组织和团体之中。如果不考虑与对方的关系的话，我们便无法理解人的内心。人的内心并不是可以自由支配的，而是在周围环境的影响下被塑造的。所有这些问题都与“人类共生”这一道理紧密相连。

317

了解一个人需要谨慎。

想要了解人类本性，切忌自以为是、盲目自信。比如，长大后随意公开在孩童时代形成的缺乏真实依据的臆想，或者装出一副对人类无所不知的样子，这些行为都是要避免的。真正意义上的“了解人类”，需要在行为上表现出一定的谦逊谨慎。傲慢地认为自己已经“了解”人类，说明他还是不懂人类。

318

与积极乐观地面对人类共生的人不同，不愿直面人生的人不能清楚地看到人生课题。

对与他人合作持消极态度的人，由于只关注自己的事情，从而无法把握细节。对于人生课题，他们也只能看到冰山一角，不能观其全貌。

这样的人不关注全局，从而不用费神费力。人是如何看待自己的，其实并不重要。人只有思考在整个社会中要以怎样的态度行动，方可看清人生课题。

319

每个人都具备关心周围人的能力。

如果有不受欢迎的孩子存在的话，恐怕他是活不到今天的吧？！

因为那样的孩子不懂得与周围人合作，与其他人没有交集，也无法和其他人进行交流。如果一个孩子能在幼儿期存活下来，就说明这个孩子得到了不少的关注。如果不去锻炼孩子关心周围人的能力，其成长将会停滞不前。因此，人们要在运用中不断提升这一能力。

320

想要教育和关怀他人，首先需要了解他们对自己及周围人的关心程度。

“共同体感觉”是我们在教育和关怀他人时，最需要留意的一点。

兼具勇气与自信，能够在集体中从容地与他人相处的人，在任何场合都能享受到好处。这些人已经做好了应对人生中面临的所有问题，即来源于人际交往的问题的准备。如何让被教育者做好准备？为此，我们要确认对方是否具有共同体感觉。如果这方面有所缺失的话，我们就必须要从培养对方的共同体感觉开始。

321

自卑感通常被视为软弱的迹象、某种可耻的东西，所以人们理所当然地想要去隐藏它。

向那些对自己不自信的人询问“你自卑吗”，即使得到的回答是“不自卑”，那也是意料之中的。如果你观察一个人的心理活动，你会发现他或多或少都有自卑感。与自卑感相随的，还有为了实现目标，克服自卑感所做的努力。

自卑是一种普遍情绪，没必要因此自责。与其告诫对方“要有自信”，不如告诉对方这种自卑感其实可以成为一种很好的激励。

322

分工是维持社会不可或缺的要素。

在众多动物之中，人类的生存环境既便利又舒适。然而，这样好的生活条件是建立在集体生活的前提下的。

我们之所以意识到分工的重要性，是因为通过分工我们每个人可以完成各自的任务。如果要筹措保护自己所需的所有东西，单靠一个人的话，无论怎么努力都是不够的。为了让人类社会实实在在地延续下去，社会共生是必不可少的条件。

323

人的价值取决于如何更好地扮演在社会分工中被分配的角色。

为了实现分工合作，我们每个人都在各自的岗位上履行着自己的职责。

如果不赞同这一要求，就等同于否定了社会生活的维持，进而否定了人类延续本身。如此一来，这类人便会从社会一员的角色中脱离出来，成为扰乱社会生活的一份子。这样的人，轻者可能会变得孤僻，重者甚至会误入歧途，参与犯罪。由于这些行为与社会生活的要求互不相容，因此这类人会备受谴责。

324

认同社会生活的人，不仅会成为对他人来说有意义的存在，还会成为绵延不绝的连锁反应中的一环。

社会生活是人类生存的基础，多数人对社会生活的忽视会导致其崩溃。

我们每个人都根据自己的个人能力在社会中被分配相应的角色。然而，这一过程会产生很多混乱。对权力的追求、错误的野心等，也会成为阻碍分工的原因。在某个集体中，也可能建立了另一种评判人类价值的标准。此外，如果只追求个人利益，那么社会生活和共同协作就无法实现。

325

兄弟中最年长的孩子，大多都对事物持有保守的看法。

如前所述，阿德勒认为孩子的“出生顺序”意义重大。最年长的孩子（家中第一个孩子），会短暂地处于独生子女的地位，随着弟弟妹妹的出生，这一地位就会被剥夺。也就是说，第一个孩子虽然出生后有一段时间拥有很大的权力，但最终还是会失去它。

因此，他们平时会觉得“拥有权力的人就应该留在权力的宝座上”。对于他们来说，拥有权力只是偶然，因此对权力怀有无限憧憬。

326

要了解一个人，除了把他们的生活看成是一个连贯的整体以外，还有必要结合他们与周围人的关系来了解他们的生活。

要了解一个人，重要的是要把这个人看作“一个统一的整体”。我们要认识到人生是一个具有一贯性的整体。只有在这一认识的基础上来解释已经发生的事实，才能了解一个人。

此外，了解一个人还需要考虑他与周围人的关系。比如，要了解一个生来体弱多病的孩子是如何生活的，应该考虑照顾过这个孩子的人，甚至还要考虑弥补其自卑感的人。

327

姿态往往透露出一个人的目标导向方式。

正如前面所提到的，阿德勒还把“姿态”作为了解一个人的关键。他认为，姿态和行为可以体现出一个人的目标导向方式。

比如，朝着目标勇往直前的人具备勇气；而做任何事情都要迂回婉转，绕点弯路才肯行动的人，内心则充满焦虑与不安。从一个人的姿态和行动中，我们能获得的信息远比和他交谈时所获得的信息要多。

328

心怀嫉妒的人绝不会有一条合适的路。

羡慕他人是自卑的信号。然而，我们每个人都或多或少地都拥有这种情感。因此，在工作场合或者个人生活中遇到问题时，我们应该把羡慕的心情当作食粮灵活利用。

但是，“嫉妒心”更为棘手，它是一种危险的“（精神性）态度”。人们之所以嫉妒，是因为有着根深蒂固、极度的“自卑感”。嫉妒心对于我们的生存来说没有任何帮助，所以我们不可能走出一条有利于嫉妒心极强之人生存的道路。

329

人类有着服从的惯性，导致有些人有时会因此成为态度强硬者的牺牲品。

阿德勒说过，大多数人终日浑浑噩噩，对信息一概不知，只是一味地服从并攀附权威。

统治与服从的关系给人类的社会生活带来了混乱。一方面，被迫服从的人在之后进行反抗的事屡屡发生；另一方面，对他人有用之人几乎都是因为自己具备了特殊的能力。这种服从的惯性在无意中损害了人类的尊严。

330

我们必须立足于这样一个事实：我们要和其他人相互联系，共同生存，我们无法独自活下去。

如前所述，人类一般都与“其他人”存在联系。因为一个人的生存能力是弱小的、不充分的，是有局限性的。

如果我们想要生存下去，就需要“与我们共住一个星球上的其他人相互合作，延续自己和人类的生命”。这一现实是最重要的事情，也是我们的目的和目标。与此同时，我们也需要调整好自己的心情（情感）。

331

很多人的身上都有在无意识的情况下行动这一能力。

有些人认为自己是和平主义者，将合作视为最重要的事，但事实却恰恰相反，如果对方说些什么，他们一定会从侧面反驳。他们看似语气柔和，实则言语中却带有敌对好战的味道。

这种无意识的力量会对人们的生活产生负面影响，如果不自知，就可能会造成严重的后果。但如果是对实现某种目的有益的话，就可以停止这种无意识的状态。

332

分工并不是把人分开，而是把人联系起来。

与其他动物相比，人类在出生之后的成长很是缓慢。鉴于此，我们能明白只有在保护自己的共同体存在时，人类才能存活下来。

此外，在与他人联系的过程中，“分工”的产生是不可避免的。但分工并不是将人们分开的意思，每个人都需要帮助他人，也需要感受到与他人之间的联系。分工是加强与他人精神联系的一种途径。

333

愤怒和野心会出现在不善交际的人身上。

愤怒的倾向与野心过度有关。愤怒和野心都是出于追求竞争方面的优越感而产生的情绪，即“想要摆脱被征服的感觉”。

并且，愤怒和野心这些情绪通常会出现在不善交际的人身上。不合群的人，也就是社会兴趣淡薄的人会觉得，“即便自己耐住性子，不断努力，也无法实现自己的目标”，于是他们的愤怒爆发，试图逃到对人生无用的道路上。

334

遵循“常识”有时需要依靠“合作”。

那些“不想被情绪误导”的人，或者认为最好用科学的方法推进事情的人都很少做梦。而那些不愿遵循常识的人一般不会用公认的最有效的方式来解决问题。

遵循“常识”有时需要依靠“合作”,因此，那些没有掌握合作能力的人往往不太喜欢遵循常识，因为他们希望自己的生活方式变得合理。

335

我们需要时刻关注欲知事物的整个社会背景。

如果你想知道一个人为什么会有“想要比别人优秀”的目标，你就需要关注那个人的社会环境（身边的人）。此外，如果他比较害羞，那么你也需要留意他的人际交往状态。

所以，我们经常需要考虑欲知事物的社会背景，然后，只要留心那个人的生活背景，就能找到解决其问题的突破点。

336

在意别人看法的人，会与现实脱节。

一个人在意别人如何看待自己，以及别人对自己的行为举止有何想法，这是无可奈何的事。但这种人反而会被他人的看法所折磨，无法向合适的方向前行。

与其如此，更重要的是“没必要了解对方的真实心情”以及“去了解不清楚的事”。自己的心情只有自己知道，对方也是如此。只有明白了这个道理，人与人之间才能进行适当的交流。

337

我们并不是人类的唯一成员。

我们不是活在地球上的唯一人类，我们生活在与他人的联系之中，其中包括家人、朋友、同事等。人们偶尔会尝试依靠自己的力量解决问题，但这是一个误区。一个人的力量是有限的，想要独自解决问题可以说是无稽之谈。

我们不能依靠一个人的力量生存，与他人保持联系才能走向更好的人生。只要你把这个道理牢记于心，行动就会随之改变。

338

如果想和他人和睦相处，就必须把彼此当作平等的人来对待。

阿德勒认为，人与人之间的关系总是平等的。无论是在家庭还是教育领域，这一点都不会改变。大人必须在平等关系的基础上对待、尊重、信任孩子。所谓相互尊重、相互信赖，不仅仅是孩子对父母的尊重、信任，反之亦然。同时，我们不仅要尊重他人，还要尊重自己、信赖自己。另外，所谓信赖，是指无论对方采取何种行动，你都相信其中包含着善意，即不被对方的行为所左右，全心全意地给予信任。

339

我们通过身体器官接触周围的世界（人们），并接受周围世界（人们）对自己的印象（影响）。

如前所述，我们的“心”是通过与周围世界的接触而形成的。而“心”的活动会体现在行动（身体）上，所以，如果知道一个人训练“身体”的方式，就能推测出其受到了周围世界怎样的影响，以及他打算以怎样的方式灵活运用自己的经验。

另外，如果从中进一步了解一个人独特的看法和他感兴趣的内容，就能了解他的内心深处。

340

说谎是因为缺少说真话的勇气。

不少人都有过这样的经历：在被邀请去一个不感兴趣的聚餐时，其实自己不想去，但是很难拒绝，于是便答应下来。人们之所以会这样答复，是因为不懂得该如何拒绝。

若是直接拒绝，对方会感觉自己被排斥了,所以,我们要在“不”的后面加上一句“谢谢”。“非常感谢你的邀约，但我的家人都在等着我，今天我得回家。”如此将自己的真心话告诉对方就可以了。拒绝是不需要说谎的。

341

人生，是朝着目标的方向步履不停的，是遵循“生命在于前进”的生存法则的，是从共同体的角度出发，将个人所追寻的目标和全人类的共同发展目标统一起来的。

人们总有一种“追求优秀”的欲望，所以在竞争中便以处于上风为目标。换言之，如今正在展开一场“万人对万人的战斗”。

但阿德勒说，这种情况可能是世界观中的一种，并不适用于所有情况。如前所述，“教授合作”是教育的课题，但这并不是斗争和竞争，而是合作本来的存在方式。

342

如果我们意识到自身的缺陷，就需要对其进行改善。然而，改善必须始终推动人类幸福的进一步发展。

事实上，已经有很多人明白，生命的意义（我们活着的目的）是“关心（照顾）人类整体”，并努力培养“社会兴趣”。

例如，那些在宗教方面实行“救济”（改善不良状态，使之变成理想状态）的人们。他们通过这样的社会活动来努力提高自己的社会兴趣，因为宗教可以把人们联系在一起，起到提高“社会兴趣”的作用。

343

每个人都努力成为有价值的人。而人生的意义，恰恰在于为他人做贡献。如果你没有意识到这一点，那便是走上了歧途。

有的人事负责人觉得自己掌握着别人的人生前途，就会表现出一副趾高气扬的姿态，但那种价值只属于他自己。因为除了他之外的人，即便是手拿一瓶毒药，也不会觉得“自己掌握了别人的人生”。

我们必须要意识到，“意义”只在交流中才行得通，对人类来说，只有以共同的意义来解释事物，才能产生有益的东西。

344

人们的社会生活，绝对少不了相互了解。

了解人类和与人沟通是相互关联的。若由于缺乏相互了解而导致人际关系淡薄的话，那我们构建人际关系的能力就会降低。

对人缺乏了解的最严重后果是，他们通常不能与周围的人交往和共同生活。我们经常可以看到人们因为对彼此互不熟悉，导致无法沟通、无法合作。这是因为，了解对方是走向共生的第一步。

爱的课题

345

爱，是我们所有文明的基础。

在阿德勒心理学中，爱的课题被认为是难度最大的课题。但阿德勒也曾言："没有爱，人类的文明将会崩溃。"达成爱的课题能够提升人生的满意度。这需要比交友的课题更深层次的关系和沟通，也需要更加密切的合作。

爱的课题主要解决的是两性关系和家庭关系的问题。除了个体间的关系，爱的课题同样关注性别角色和性的价值观取向。

346

我们必须承认，爱的课题是人际关系行为中最个人和最私密的。

生活是否充满幸福与喜悦，既取决于女性是否拥有与自身角色相协调的条件，也取决于男性如何处理好与女性之间的关系。

在一段亲密关系中，像重视自己一样重视对方，甚至优先考虑对方，是爱的课题成立的基础。但是，如果把优越情结带入其中，便常常会招致纷争。我们不能把性和婚姻当作追求优越性的工具。

347

对于爱的人生课题，我们必须尽早做准备。学会“爱”，是人生教育中的必要环节。

有一位26岁的女性来到阿德勒这里就诊。她自幼丧母，并一直同父亲生活到13岁。阿德勒认为，一般来说，少女的自卑感会在她意识到自己是女性时逐渐变得强烈。并且，她们会做出有男性特征的行为来补偿这种自卑感。这位女性也是如此。她选择了玩玩具电车，而不是摆弄人偶；选择了和男孩子一起玩，而不是女孩子。她这种模糊“性”的界限的行为，会导致她的态度朝着与真实和现实相矛盾的方向发展，最终会阻碍她对爱的课题的准备。

348

有时布满荆棘的道路也会成为最好的捷径。

已婚的人对于“不能适应社会（周围的人）”这个问题，可以通过夫妻互相关心（照顾）的方式来解决。

在生活课题中，达成爱的课题是难度最高的。一个人如果达成了爱的课题，那么达成工作的课题和交友的课题应该也不是什么难事。现代社会存在着多种多样的价值观，但只要你尊重自己的亲密对象，并与其建立深厚的关系，你们就有能力解决所有的问题。

349

只有夫妇二人都保持向上的动力，才能让恋爱和婚姻和和美美。

结婚就意味着开始与陌生的人共同生活，其中必然会有需要忍耐、牺牲和退让的时候。我们不能忽视这些消极时刻，只看到婚姻美好甜蜜的一面。

阿德勒说：“丈夫必须要做妻子的伴侣，而且要以取悦妻子为乐。”这也是阿德勒提出的，作为人际关系基础的交友的课题本身的要求。恋爱也好，婚姻也罢，都是十分普通的人际关系。

350

在恋爱和婚姻生活中，甚至比处理一般的社会适应性问题更需要优秀的“共情能力”——将自己与对方重叠的能力。

恋爱和婚姻中存在的问题与一般的人际关系问题性质上并无不同。如果你认为恋爱和婚姻是让人为所欲为的天堂，那就大错特错了。只要你处在恋爱时期或已经结婚，你就必须始终关心你的伴侣并履行相应的职责。

没有为家庭生活做好准备的人，需要不断地练习用对方的眼睛去看，用对方的耳朵去听，用对方的心去感受。

351

人只有在采取给予的态度的时候，才容易成功。这被看作是爱情和婚姻的不变法则。

在面对夫妻间爱的课题时，我们要摒弃自怨自艾、战胜伴侣等思维，采取合作的态度，这样夫妻关系才能朝着好的方向发展。在沟通时只想着让对方屈服的话，最终只会适得其反。越是对对方不满，越是要“给予”对方，这样夫妻关系才会得到改善。

在人生中，比起“获取”，更喜欢“给予”的人才能抓住幸福。这一点在爱的课题中特别明显和重要。

352

互为朋友的生活状态是男女双方和谐相处最明显的特征。

与各民族之间的关系相同，男女双方都无法忍受他们之间出现从属依附的关系。从属关系会给他们带来巨大的困难和负担。此外，封闭、悲观且不互相尊重的家庭环境孕育不出富足宽裕的家庭。

在两性关系中，不要因性别差异而建立“纵向关系”，要有意识地去建立“横向关系”，避免让其中一方表现得像独裁者，这一点非常重要。

353

当一个人面临“恋爱与婚姻”的问题时，无论他做什么，其行为都展示了他的答案。

人类是由男性和女性两种“性别”组成的。在与“异性”的接触中，“恋爱与婚姻”这一爱的课题便诞生了。

完成这一课题的方式多种多样，而一个人独特的思考并非体现在他的语言上，而是通过行动表达出来的。有很多人感叹“想结婚，却结不了婚”，那是因为他们只追求婚姻中美好的一面。婚姻是人生中最难的人际关系，正因如此，我们才要慎重对待。

354

选择表扬和奖励胜过选择惩罚。

这句话出自《作为教育者的医生》这篇论文，这篇论文为阿德勒后来的著作提供了许多重要命题。

他指出，重要的不是问题发生后要如何应对，而是要采取预防措施避免问题发生。所以，与其惩戒发生问题的原因，不如把注意力放在关注良好的行为上，并致力于增加此类行为。阿德勒正是通过这篇论文，向人们传达了对孩子进行“科学教育”的重要性。

355

如果要惩罚孩子，就要指出其错误，并告诉他应该怎么做。

阿德勒曾言，惩罚和责骂孩子是达不到效果的。因此，我们在教育中应该运用“共感”，而不是一味斥责。

然后，在建立起信任关系的基础上，与孩子一同思考解决问题的办法，这才是真正的教育。不要惩罚或责骂，而是鼓励孩子和他们一起阐明未被言说的目标，为孩子指出一些无益于实现目标的错误，并寻找其他更有用的方法。

356

阿德勒认为，孩子们渴望被宠爱和表扬。

孩子们往往习惯待在喜欢的人身旁寸步不离，并且总爱与他们一同行动。以这样的情感需求为基础，孩子们在追求充满爱的关系中成长起来。未来的友谊和爱情就是由此而生的。

在儿童教育中，重要的是激发孩子与生俱来的爱，并使孩子将这种爱由母亲发散至其他的家庭成员，甚至是家庭以外的社会。不然的话，孩子就会有误入歧途的危险。其得不到满足的欲望，就会变成对外部的攻击。

357

人类有两种性别，从这一点就已经体现出人是相互联系而生存的。

人类是由男性和女性两种“性别”构成的。如今，虽然我们已经能够维持生存，但也必须铭记这些事实。

我们所拥有的众多的联系之一——与异性的联系，会产生“恋爱与婚姻”这一命题。面对这个问题的时候，不管这个人做什么，答案都会在他的“行动”上显现。在思考怎么解决这个问题时，我们从其“行动”中就能明确他独特的思考方式。

358

正因为与其他人一起生活，我们每个人的生存欲望才能得到满足，安全和生活的喜悦才能得到保证。

共同体影响着人类生活中的每一个决定和每一种形式，进而影响着思维器官的生长。并且我们的身体器官也与这个共同体的基础息息相关。

和大多数其他动物相比，人类儿童成长得较为缓慢，由此可知，唯有能够保护我们的共同体存在，人类才得以生存。并且，我们与他人的联系导致了分工的产生。如果人是各自孤立存在的，那么人将无法成长，也就感受不到生存的喜悦。

359

嘲笑孩子这一恶习，对孩子的成长是非常有害的。

如果人在幼儿时期就有“怕被人嘲笑”的顾虑，大多数情况下，即便他长大成人，这种顾虑也不会消失。不只是对孩子，对不成熟行为的嘲笑都应该避免。

不仅如此，语言上的敷衍搪塞，对孩子的成长也是有害的。在重要的事情上弄虚作假，会让孩子开始怀疑周围人认真的程度。比如，对于“为什么要去上学”这样的问题，如果大人的回答是“总之你去就行了”，那么孩子就找不到上学的意义所在，还会冷眼看待周围同学的努力。

360

所谓结婚，就是决定与一个人共度一生，其目的就是相互帮衬，丰富彼此的生活。

对于恋爱中双方存在的问题，只有秉持“两个人都是完全平等的”这一想法，问题才能得到圆满解决。

双方之间的给予和索取（互惠互利）是很重要的。正因为有了“双方都是平等的状态”这一正确的基础，“恋爱情绪”才会步入正轨，从而引导婚姻生活走向成功。如果有一方想要在婚后掌握支配权，那么其婚姻生活将会变得一团糟。

361

追求卓越这一目标会阻碍我们走向现实。

一旦失去对周围的关心，偏离安身立命的正道，那么想要出类拔萃这一目标将会变得繁重不堪。

如此一来，就会有人不能适应现实而采取不良行为。即使告诉那个人“应该这样做”，他也会跃跃欲试地唱反调。因为在他们的眼中“自己在做别人做不到的事”，这种错误的优越感会成倍增强。如此生活的人，最终会落得被周围人孤立的下场。

362

在“玻璃房”中生活无益于人的发展。

1933年一户家庭的五胞胎诞生了，受到了媒体的广泛关注。出于对五胞胎未来的担心，阿德勒在一篇名为《分离五胞胎》的文章中发表了自己的见解。他认为“习惯被别人关注的孩子，如果得不到关注，就绝对不会幸福。考虑到孩子的幸福，最好还是让他们忘却自己的五胞胎的身份”。

阿德勒主张要把五胞胎的每一个孩子都当作一个人类个体来看待，而不是当作科学研究的对象。

363

人类是由男性和女性组成的。

要维持个体和人类的生命，我们就必须考虑到男性和女性之间发生的实际情况。

恋爱、结婚这样的“爱的课题”是从异性之间的交往中产生的。为了人类的延续，异性之间需要相互结合，无论是谁都无法逃脱这种“联系”。此外，我们无法逃避的一个问题就是，如何应对人类的维持和繁荣取决于我们的性生活这一事实。

364

人们在婚姻生活中所发现的事情，常常只是自己构建出来的东西。

阿德勒说："婚姻带来的不幸与男女刻板印象的影响有关。一直以来，女性被支配性文化所贬低，并对男性的支配感到愤怒，而男性往往处于优势地位。结婚是两个人的事情，是为了完成两个人共同的工作的产物。而对于上述情况的夫妻来说，他们所缺乏的就是这样的认识。"阿德勒认为，婚姻生活是男女同心协力进行的一种创造性的演出。

365

在婚姻生活中，我们需要关心伴侣，并站在对方的立场上思考问题。

在恋爱、结婚的两个人开始有“两个人是完全平等的”这个想法后，一切问题才能得到满意的解决。

在问题的解决中，两个人中的一方是否重视另一方并不是那么重要。“爱意”也分很多类型，所以单凭这种情感是不能解决问题的。因此，在婚姻生活中，人们需要关心伴侣，以对方的角度思考问题。

366

老师和父母等成年人必须赢得孩子们的爱。

阿德勒认为，“儿童的发展主要取决于其复杂的欲望能否得到适当的引导……在孩子们的欲望得到满足之前，我们应该先绕个远，让孩子自发地做到举止文明礼貌”。

阿德勒用科学的方式来看待孩子们的心理成长，他认为对于孩子们而言，有效的教育就在于激发孩子与生俱来的“爱的需求”。否则，他们就会出现不良行为等问题。